博士后文库
中国博士后科学基金资助出版

足式机器人腿部液压驱动系统
参数灵敏度理论

巴凯先　著

科学出版社
北　京

内 容 简 介

本书系统介绍两种参数灵敏度理论，定量分析系统各类参数的变化对足式机器人腿部液压驱动系统控制性能的影响程度，为足式机器人腿部驱动系统的结构优化和补偿控制奠定基础。全书共 6 章，第 1 章主要介绍足式机器人腿部液压驱动系统灵敏度分析的意义与发展现状；第 2 章主要为足式机器人腿部液压驱动系统机械结构与腿部关节液压驱动单元数学建模、阻抗控制数学建模；第 3 章为液压驱动系统参数灵敏度分析新方法，包含轨迹灵敏度理论基础和矩阵灵敏度理论基础；第 4 章为液压驱动单元位置及力控制参数灵敏度动态分析与定量分析，以及对应的实验研究；第 5 章为液压驱动单元基于位置及力的阻抗控制灵敏度动态分析与定量分析，以及对应的实验研究；第 6 章为总结与展望。

本书适合从事足式机器人腿部液压驱动系统研究与开发的广大科技工作者阅读，还可作为讲授机器人、流体传动与控制、液压驱动系统等相关课程教师的参考书。

图书在版编目（CIP）数据

足式机器人腿部液压驱动系统参数灵敏度理论 / 巴凯先著. —北京：科学出版社，2022.6
（博士后文库）
ISBN 978-7-03-072373-4

Ⅰ. ①足… Ⅱ. ①巴… Ⅲ. ①机器人控制–研究 Ⅳ. ①TP24

中国版本图书馆CIP数据核字(2022)第088755号

责任编辑：朱英彪 李 娜 / 责任校对：任苗苗
责任印制：吴兆东 / 封面设计：陈 敬

科 学 出 版 社 出版
北京东黄城根北街 16 号
邮政编码：100717
http://www.sciencep.com
北京凌奇印刷有限责任公司印刷
科学出版社发行 各地新华书店经销
*
2022 年 6 月第 一 版 开本：720 × 1000 1/16
2024 年 9 月第三次印刷 印张：12 3/4
字数：257 000
定价：98.00 元
（如有印装质量问题，我社负责调换）

"博士后文库" 编委会

"博士后文库" 序言

1985 年，在李政道先生的倡议和邓小平同志的亲自关怀下，我国建立了博士后制度，同时设立了博士后科学基金。30 多年来，在党和国家的高度重视下，在社会各方面的关心和支持下，博士后制度为我国培养了一大批青年高层次创新人才。在这一过程中，博士后科学基金发挥了不可替代的独特作用。

博士后科学基金是中国特色博士后制度的重要组成部分，专门用于资助博士后研究人员开展创新探索。博士后科学基金的资助，对正处于独立科研生涯起步阶段的博士后研究人员来说，适逢其时，有利于培养他们独立的科研人格、在选题方面的竞争意识以及负责的精神，是他们独立从事科研工作的"第一桶金"。尽管博士后科学基金资助金额不大，但对博士后青年创新人才的培养和激励作用不可估量。四两拨千斤，博士后科学基金有效地推动了博士后研究人员迅速成长为高水平的研究人才，"小基金发挥了大作用"。

在博士后科学基金的资助下，博士后研究人员的优秀学术成果不断涌现。2013年，为提高博士后科学基金的资助效益，中国博士后科学基金会联合科学出版社开展了博士后优秀学术专著出版资助工作，通过专家评审遴选出优秀的博士后学术著作，收入"博士后文库"，由博士后科学基金资助、科学出版社出版。我们希望，借此打造专属于博士后学术创新的旗舰图书品牌，激励博士后研究人员潜心科研，扎实治学，提升博士后优秀学术成果的社会影响力。

2015 年，国务院办公厅印发了《关于改革完善博士后制度的意见》（国办发〔2015〕87 号），将"实施自然科学、人文社会科学优秀博士后论著出版支持计划"作为"十三五"期间博士后工作的重要内容和提升博士后研究人员培养质量的重要手段，这更加凸显了出版资助工作的意义。我相信，我们提供的这个出版资助平台将对博士后研究人员激发创新智慧、凝聚创新力量发挥独特的作用，促使博士后研究人员的创新成果更好地服务于创新驱动发展战略和创新型国家的建设。

祝愿广大博士后研究人员在博士后科学基金的资助下早日成长为栋梁之才，为实现中华民族伟大复兴的中国梦做出更大的贡献。

中国博士后科学基金会理事长

前　言

目前，全球已有几十个国家对机器人开展了大量研究。足式机器人以足式生物为仿生对象，具有明显的非连续支撑特点。相对于轮式、履带式、球形等机器人，足式机器人对未知环境具有很好的适应能力，特别是近年来与具有体积小、输出功率大等优势的液压驱动系统相结合，其承载能力大大提高，从而更加适用于野外复杂环境下的探测、运输、救援和军事辅助等任务，现已备受各国机器人研究人员的重视。该类机器人的运动性能由每条腿的控制性能决定，而每条腿的控制性能由其关节液压执行器的控制性能决定。腿部关节采用液压驱动系统作为控制内环，该系统存在高阶强非线性、参数时变性、摩擦非线性等诸多因素，大大影响了腿部的整体控制精度。在提升腿部液压驱动系统性能之前，如果能够有效掌握系统中各参数变化对控制性能的影响规律，将有利于针对性地设计出机器人腿部结构优化和各类补偿控制方法。

灵敏度分析是一种可以分析系统各参数变化对系统特性影响程度大小的有效方法，特别是对非线性系统同样适用。采用灵敏度分析可以定量地掌握系统各类参数的变化对腿部液压驱动系统控制性能的影响程度。本书针对足式机器人液压驱动系统中参数灵敏度问题进行系统介绍，共 6 章，具体安排如下：

第 1 章为绪论，主要介绍本书的写作背景、液压驱动型足式机器人与灵敏度理论的发展历程，明确足式机器人液压驱动系统参数灵敏度分析的重要性。第 2 章为腿部液压驱动系统数学建模，内容涵盖腿部液压驱动系统机械结构数学建模、腿部关节液压驱动单元位置及力控制系统机理建模、腿部液压驱动系统阻抗控制仿真建模。第 3 章为液压驱动系统参数灵敏度分析新方法，推导轨迹灵敏度分析和矩阵灵敏度分析这两种可以用于液压驱动系统的方法，这两种方法为通用方法，可以适用于各类高阶液压控制系统的参数灵敏度分析。第 4 章为液压驱动单元位置及力控制参数灵敏度分析，第 5 章为腿部液压驱动系统阻抗控制参数灵敏度分析，在研究内容方面，第 4、5 章给出不同控制方法所应用灵敏度分析方法所需计算的灵敏度函数(矩阵)，在多种工况下进行灵敏度动态分析，并选取不同灵敏度指标对灵敏度动态分析结果进行量化，得到各工况下参数灵敏度变化规律。第 6 章总结本书主要内容并对本领域研究方向进行展望。

全书由燕山大学巴凯先教授策划并定稿。感谢作者的博士导师孔祥东教授、俞滨教授和博士后导师华长春教授提供的丰富科研平台和给予的悉心指导。感谢燕山大学机械工程学院和电气工程学院各位老师的指导。感谢燕山大学孔祥东教授科研团队各位同门一如既往的支持与帮助。在全书撰写过程中，张艺杰博士进行全书格式统筹与文字润色工作；李化顺博士、朱琦歆博士、宋颜和博士、王源博士、金正国硕士参与相关实验测试与数据处理工作；何小龙博士、付承伟硕士、王春雨硕士、刘桂江硕士、陈馨硕士参与部分插图与公式的制作，在此表示衷心感谢。

本书的相关研究内容得到了中国博士后科学基金的特别资助和面上一等资助项目（2020T130558、2018M640246）、国家自然科学基金青年科学基金项目（51605417）、第五届中国科协"青年人才托举工程"人才计划（YESS20200036）、河北省自然科学基金青年科学基金项目（E2019203021）、中国博士后国际交流计划项目等的支持。本书涉及的部分研究内容获得第九届"上银优秀机械博士论文奖"，在此表示衷心感谢。

作为介绍足式机器人液压驱动技术方面的书籍，本书有效地融合了作者在研究团队多年来的相关研究成果。限于作者水平，书中可能存在一些疏漏或不足之处，恳请广大读者批评指正。

作　者

2022 年 1 月

目　录

"博士后文库"序言

前言

第1章　绪论 ··· 1

　1.1　足式机器人腿部液压驱动系统灵敏度分析的意义 ·········· 1

　1.2　足式机器人腿部液压驱动系统灵敏度分析的发展现状 ·········· 3

　　1.2.1　足式机器人腿部液压驱动系统 ·························· 3

　　1.2.2　参数灵敏度分析 ···································· 6

第2章　腿部液压驱动系统数学建模 ·························· 8

　2.1　腿部液压驱动系统机械结构数学建模 ·················· 8

　　2.1.1　运动学数学建模 ···································· 8

　　2.1.2　静力学数学建模 ···································· 12

　　2.1.3　动力学数学建模 ···································· 17

　2.2　腿部关节液压驱动单元数学建模 ···················· 21

　　2.2.1　位置控制系统机理建模 ···························· 21

　　2.2.2　力控制系统机理建模 ······························ 24

　2.3　腿部液压驱动系统阻抗控制数学建模 ················· 26

　　2.3.1　阻抗控制基本原理 ································ 26

　　2.3.2　液压驱动单元基于位置的阻抗控制实现方法 ·········· 27

　　2.3.3　液压驱动单元基于力的阻抗控制实现方法 ············ 31

　2.4　腿部液压驱动系统阻抗控制仿真建模 ················· 36

　　2.4.1　基于位置的阻抗控制仿真建模 ······················ 36

　　2.4.2　基于力的阻抗控制仿真建模 ························ 40

　　2.4.3　其他模块 ·· 43

　2.5　实验研究 ·· 47

　　2.5.1　相关实验测试平台简介 ···························· 47

　　2.5.2　实验方案 ·· 53

　　2.5.3　基于位置及力的阻抗控制方法仿真与实验研究 ········· 54

　2.6　本章小结 ·· 60

第3章　液压驱动系统参数灵敏度分析新方法 ············· 62

　3.1　轨迹灵敏度理论基础 ·································· 62

　　3.1.1　一阶轨迹灵敏度方程组 ···························· 62

　　　　3.1.2　二阶轨迹灵敏度方程组 ·· 64

　　　　3.1.3　二阶轨迹灵敏度方程组简化 ······································· 67

　　　　3.1.4　系统二阶泰勒级数展开 ·· 68

　　3.2　矩阵灵敏度理论基础 ··· 70

　　　　3.2.1　一阶矩阵灵敏度方程组 ·· 70

　　　　3.2.2　二阶矩阵灵敏度方程组 ·· 73

　　3.3　本章小结 ··· 75

第 4 章　液压驱动单元位置及力控制参数灵敏度分析 ························· 76

　　4.1　位置控制灵敏度动态分析 ·· 76

　　　　4.1.1　系统仿真工况与参数选取 ··· 76

　　　　4.1.2　一阶轨迹灵敏度函数 ··· 79

　　　　4.1.3　二阶轨迹灵敏度函数 ··· 81

　　　　4.1.4　二阶泰勒级数展开项所占比例 ···································· 84

　　　　4.1.5　一阶灵敏度矩阵 ··· 101

　　4.2　位置控制灵敏度定量分析 ··· 103

　　　　4.2.1　灵敏度指标 ·· 103

　　　　4.2.2　空载一阶灵敏度分析 ·· 104

　　　　4.2.3　加载一阶灵敏度分析 ·· 108

　　　　4.2.4　空载二阶灵敏度分析 ·· 113

　　　　4.2.5　加载二阶灵敏度分析 ·· 117

　　4.3　位置控制灵敏度实验研究 ··· 119

　　4.4　力控制灵敏度动态分析 ·· 124

　　　　4.4.1　系统仿真工况与参数选取 ·· 124

　　　　4.4.2　一阶灵敏度矩阵 ··· 128

　　　　4.4.3　各工况下参数变化对力控性能影响 ····························· 131

　　4.5　力控制灵敏度定量分析 ·· 133

　　　　4.5.1　灵敏度指标 ·· 133

　　　　4.5.2　灵敏度柱形图 ··· 133

　　　　4.5.3　正交分析 ·· 137

　　4.6　力控制灵敏度实验研究 ·· 138

　　4.7　本章小结 ··· 141

第 5 章　腿部液压驱动系统阻抗控制参数灵敏度分析 ······················· 142

　　5.1　基于位置的阻抗控制灵敏度动态分析 ····································· 142

　　　　5.1.1　系统仿真工况与参数选取 ·· 142

　　　　5.1.2　各参数不同变化量对阻抗实际位置的影响 ····················· 142

　　　　5.1.3　不同工况下各参数同一变化量对阻抗实际位置的影响 ········· 145

　　5.2　基于力的阻抗控制灵敏度动态分析 ················· 147
　　　　5.2.1　系统仿真工况与参数选取 ·················· 147
　　　　5.2.2　各参数不同变化量对阻抗实际位置的影响 ········· 148
　　　　5.2.3　不同工况下各参数同一变化量对阻抗实际位置的影响 ·· 150
　　5.3　基于位置的阻抗控制灵敏度定量分析 ··············· 152
　　　　5.3.1　灵敏度指标 ·························· 152
　　　　5.3.2　同一工况下一阶与二阶矩阵灵敏度对比分析 ······· 154
　　　　5.3.3　不同工况下二阶矩阵灵敏度对比分析 ··········· 156
　　5.4　基于力的阻抗控制灵敏度定量分析 ················ 162
　　　　5.4.1　同一工况下一阶与二阶矩阵灵敏度对比分析 ······· 162
　　　　5.4.2　不同工况下二阶矩阵灵敏度对比分析 ··········· 164
　　5.5　阻抗控制灵敏度实验研究 ····················· 170
　　　　5.5.1　实验方案 ··························· 170
　　　　5.5.2　同一工况下各主要参数灵敏度实验结果 ········· 170
　　　　5.5.3　不同工况下各主要参数灵敏度实验结果 ········· 173
　　5.6　本章小结 ····························· 184
第 6 章　总结与展望 ···························· 185
　　6.1　总结 ······························· 185
　　6.2　展望 ······························· 186
参考文献 ································· 188
编后记 ·································· 192

第1章 绪 论

1.1 足式机器人腿部液压驱动系统灵敏度分析的意义

液压足式机器人具有足式机器人和液压驱动的双重优势，如环境适应性高、承载能力强等，在勘探、运输和救援等军民领域具有广阔的应用前景，近年来始终属于机器人领域的研究热点方向之一。美国等国家已将高性能液压四足机器人列为陆军未来的战场装备。我国同样高度重视足式仿生机器人的研究。《中国制造2025》、《国家中长期科学和技术发展规划纲要(2006—2020)》和国家高技术研究发展计划(863 计划)先进制造技术领域发展战略目标中明确指出要重视足式机器人的研究,并于2010年将"高性能四足仿生机器人"列入863计划主题项目指南。2016 年,科技部发布《"十三五"国家科技创新规划》,明确将发展智能绿色服务制造技术-智能机器人列为重点研究领域,并于 2017 年发布国家重点研发计划"智能机器人"等重点专项。2018 年 12 月和 2020 年 3 月,科技部再次分别发布"智能机器人"重点专项 2019 年度、2020 年度项目申报指南。2020 年 10 月,国家公布"十四五"规划建议,其中重点提到的"高端装备制造"和"人工智能"等领域都涉及足式机器人的相关研究。2019 年底,《科技日报》总结了"卡中国脖子的 35 项关键技术",其中第 16 项标题为"算法不精,国产工业机器人有点笨",文中提到机器人核心控制算法被国外知名研究机构"卡脖子"。

近年来,以美国波士顿动力公司为代表的国外知名研究机构相继发布了多款高性能的液压驱动型足式机器人,如 BigDog、Atlas、LS3 和 HyQ 等。因国内相关研究团队起步较晚、核心技术受到垄断等因素,该类机器人虽在国家大力资助下经历多个研究团队多代样机研制,但性能始终距离国外知名研究机构有较大差距,并且近年来差距还有越拉越大的趋势。因此,如何能够研制出该类具有独立自主知识产权的高性能机器人,在国内树立标杆并对标国际前沿,从而摆脱国外同类产品技术垄断的阴霾,在该领域已成为国家层面的重要需求和"卡脖子"问题。

该类机器人的运动性能由每条腿的控制性能决定,并且地面环境结构的负载特性也均作用于机器人各腿部足端,当各运动部件与未知的高刚度环境(地面、障碍物等)发生接触时,若不能保证机器人每条腿均具备一定的柔顺性,则难以缓解冲击,不仅有可能造成机身及其附带的电子设备损坏,而且会极大地影响机器人整机的控制性能。因此,每条腿均能实现有效的柔顺控制是机器人整机步态控制的重要构成部分，而阻抗控制是现今最常用的柔顺控制方法。国内外现有的阻抗控制方法及其相应的优化控制方法，一般多针对阻抗控制外环，由于液压驱动型足式机器人采用液压驱动系统作为控制内环，所以该系统存在强非线性、参数时变性等诸多干扰因素。同时，加入不同阻抗控制方法后的腿部液压驱动系统，所呈现的动态柔顺性与负载特性的耦合关系直接影响着阻抗控制性能。因此，有必要研究该类机器人腿部液压驱动系统中各参数对系统性能的影响程度。

灵敏度分析是一种可以分析系统各参数变化对系统特性影响程度大小的有效方法，特别是对非线性系统同样适用。采用灵敏度分析可以定量地掌握系统各类参数的变化对腿部液压驱动系统控制性能的影响程度，这是机器人腿部结构优化和各类补偿控制的基础。液压驱动系统固有的复杂性、非线性、参数时变性及控制难题，是灵敏度分析应用的瓶颈。其中，液压驱动系统的非线性因素主要包括伺服阀的压力-流量非线性、饱和非线性、死区非线性、滞环非线性及伺服缸的摩擦非线性等；参数时变性则主要是由工作参数的波动、干扰的动态影响、温度等环境条件的改变、元器件的磨损和老化等一系列原因引起的。为便于计算和分析，经典控制理论将液压控制系统模型简化为一个线性定常的微分方程组来描述。在这个方程组中，与液压驱动系统性能相关的液压缸工作面积、液压缸工作行程、液压缸泄漏系数、液压缸活塞初始位移、液压油有效体积模量、系统工作压力、液压缸两腔压力、伺服阀的固有频率、阻尼比、流量系数、伺服阀的压力-流量系数、外负载力和摩擦力等一系列参量均为液压驱动系统的参数。由于生产过程中有制造容差、测量时有测量误差、液压元件及材料的老化、液压驱动系统的工作环境及运行条件与理想条件不一致，以及液压驱动系统的工作参数动态变化等一系列无法预测的因素，这些参数的不确定性将导致液压驱动系统的实际工作性能不会与理想工作性能完全一致，这些都涉及了液压驱动系统的参数灵敏度问题。依据灵敏度分析理论，可将影响液压驱动系统性能的参数灵敏度问题分为以下四种：

(1) 如液压缸工作面积、液压缸工作行程、系统工作压力、液压油有效体积模量和液压缸泄漏系数等参数，其实际值偏离设计值而造成的系统性能改变不会引起液压驱动系统特性的质变，即参数值的摄动不会导致系统模型阶次的变化，称为 α 参数灵敏度问题。

(2) 如液压缸活塞初始位移、初始速度、初始加速度、两腔的初始压力等参数的实际值为液压驱动系统工作的初始值，若这些参数发生摄动，则可以认为是液压驱动系统初始条件发生了变化，从而影响液压驱动系统的动态性能，称为 β 参数灵敏度问题。

(3) 如伺服阀传递函数特征方程涉及的高阶项系数，是将伺服阀由原始的含非线性因素的高阶微分方程简化后得到的参数，以便于系统的整体建模和计算，这种人为将系统中某些高阶次项的系数由非零值取为零所导致的参数改变，会影响液压驱动系统整体阶次，进而引起系统结构的改变，称为λ参数灵敏度问题。

(4)如外负载力、摩擦力等液压驱动系统的外干扰信号，可认为是系统的外介质参数，液压驱动系统具有抗干扰作用能力的参数灵敏度问题，称为系统对环境改变的参数灵敏度问题。

可见，影响液压驱动系统的参数很多，为了有效设计计算和调试系统，需要了解众多参数中哪些对系统动态性能影响较大，哪些由于对系统动态性能影响较小而可忽略不计，这就是液压驱动系统灵敏度分析所要解决的问题。另外，若已经基于最优控制理论或其他有效的控制理论完成了液压驱动系统的设计和调试，则液压驱动系统在某种工况下性能最优，而液压驱动系统的以上参数存在摄动情况，其所具有的最优性能是否会受到影响，如何去补偿这些影响以保证液压驱动系统的性能全局最优，从而有效提高系统的稳健性，使其特性受各种参数摄动及非结构不确定性的影响很小，也是液压驱动系统灵敏度分析所要解决的问题。机器人腿部液压驱动系统参数灵敏度问题的成功剖析，将有助于该类机器人整体性能的提升，加速我国在该类机器人领域的研制进程，同时将促进高性能液压驱动技术在其他领域机器人中的有效应用。

1.2　足式机器人腿部液压驱动系统灵敏度分析的发展现状

1.2.1　足式机器人腿部液压驱动系统

美国波士顿动力公司从 1976 年开始研制单足跳跃机器人，自此液压足式机器人[1-4]的相关研究成为机器人领域的热点。2005 年，液压四足机器人 BigDog 横空出世[5-7]，此后包括重型四足机器人 LS3、运动最快的四足机器人 WildCat[8,9]、具有较高商业价值的四足机器人 Spot 和液压双足机器人 Atlas 等相继被研发。除了美国波士顿动力公司，国外许多知名研究机构也在进行着该类机器人的研发，如美国麻省理工学院(Massachusetts Institute of Technology, MIT)研制的四足机器人 Cheetah 系列、意大利技术研究院(Italian Institute of Technology, IIT)研制的四足机器人 HyQ 系列[10-18]。国外知名研究机构部分具有代表性的液压足式机器人如图 1.1 所示。

近年来，我国也非常重视该类机器人的研发。从 2010 年至今，山东大学(Shandong University, SDU)、哈尔滨工业大学(Harbin Institute of Technology, HIT)、上海交通大学(Shanghai Jiao Tong University, SJTU)、北京理工大学(Beijing Institute of Technology, BIT)、国防科技大学(National University of Defense Technology, NUDT)、合肥工业大学(Hefei University of Technology, HFUT)、东南大学(Southeast University, SEU)和燕山大学(Yanshan University, YSU)等高校和企业均研发了足式机器人样机[19-24]，如图 1.2 所示。

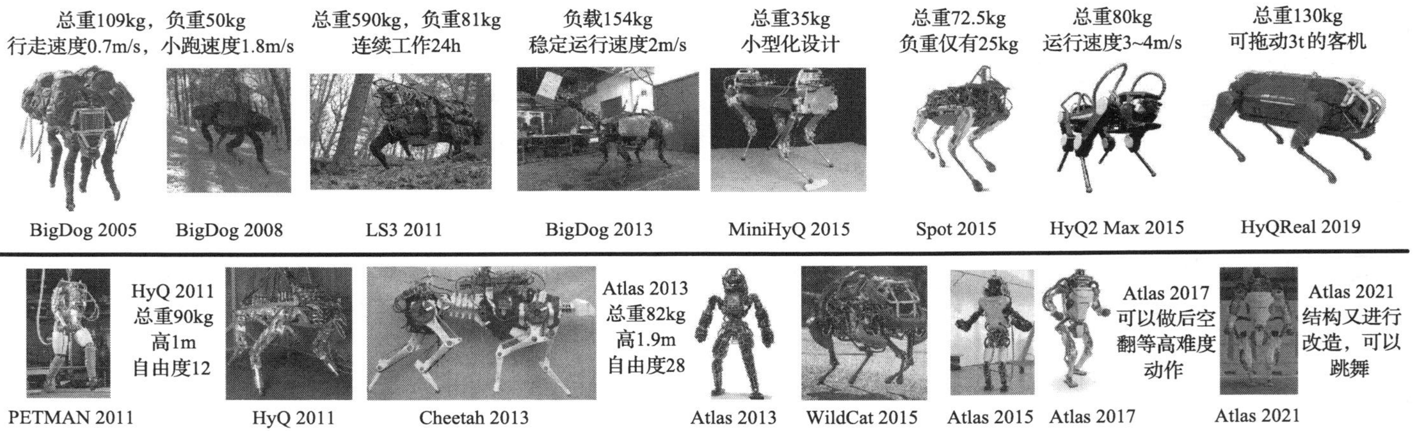

图1.1　国外知名研究机构部分具有代表性的液压足式机器人

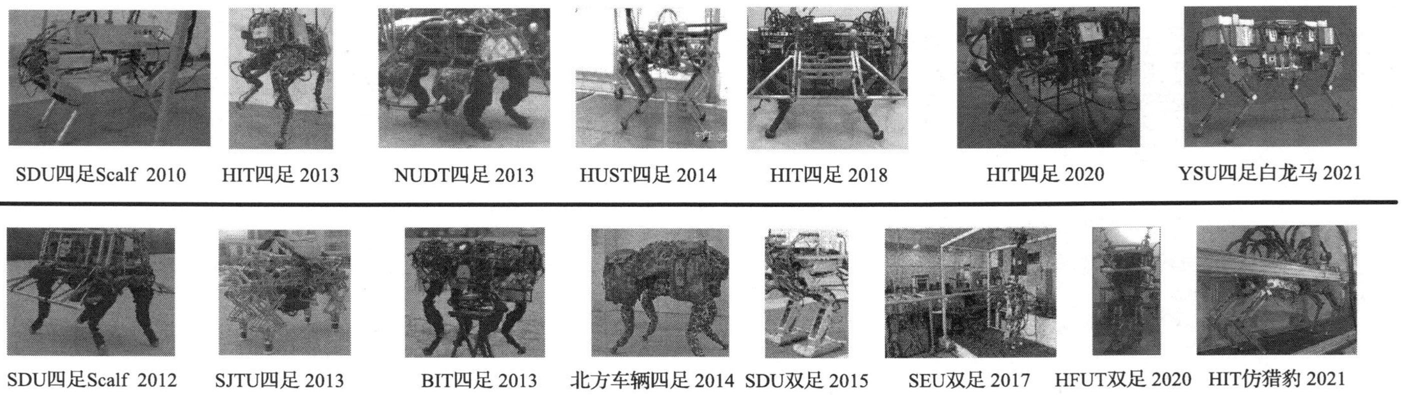

图1.2　国内具有代表性的液压足式机器人

从现已公布的整机结构和运动视频来看，因国内相关科研团队起步较晚、核心技术受到垄断等，足式机器人产品性能与国外知名研究机构相比差距较大，且差距有进一步拉大的趋势，相关核心技术被"卡脖子"。因此，亟须从结构设计与控制算法两方面着手，从小至腿部关节大至整机的各部分进行研究。腿部作为足式机器人的关键部件，其重量与性能直接决定整机的运动控制，近年来得到了国内外诸多学者的研究。

在国外方面，由意大利 IIT 研制的 HyQ 第一代单腿系统共有 2 个纵摆自由度，大腿与小腿关节均由液压缸驱动，而此后研制的 HyQReal 机器人进一步改进使单腿质量达到 8.94kg。苏黎世联邦理工学院(Swiss Federal Institute of Technology Zurich)的机器人系统实验室在 2010 年设计了单腿跳跃机器人 StarlETH，其驱动电机均位于髋关节处，电机通过链条将动力传递到膝关节处，单腿质量为 3.082kg。由美国波士顿动力公司开发的 BigDog 系列四足机器人腿部结构具有 2 自由度纵摆与 3 自由度纵摆两种形式，其中 3 自由度单腿重量约为 12kg。此外，MIT 机器人完全仿照真实动物骨骼和肌肉结构进行设计，腿部采用 3 自由度进行设计，同时腿部采用了泡沫芯的复合材料，大幅度降低了腿部惯量。

在国内方面，北京理工大学于 2017 年设计了 Sugoi-NecoLeg 小型单腿结构；山东大学于 2018 年设计了一款 3 自由度的仿猎豹单腿系统；西安交通大学于 2019 年设计了一款液压四足机器人单腿系统；近年来，哈尔滨工业大学、燕山大学、中国航天科技集团等众多高校和企业也都搭建了单腿实验平台。国内外部分液压足式机器人的腿部结构如图 1.3 所示。

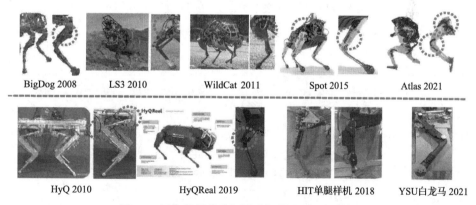

BigDog 2008　　LS3 2010　　WildCat 2011　　Spot 2015　　Atlas 2021

HyQ 2010　　　　HyQReal 2019　　HIT单腿样机 2018　　YSU白龙马 2021

图 1.3　国内外部分液压足式机器人的腿部结构

从国内外发展现状来看，如今主流的腿部设计均以 2 自由度纵摆或 3 自由度纵摆为主。其中，2 自由度纵摆由于少 1 个冗余自由度而便于控制，在电机驱动以及整机负载需求较小的足式机器人中有所应用；3 自由度纵摆腿部结构运动空间范围更大，可承受负载更大，并且更接近大型动物仿生结构，适合在有更大负载和运动范围需求的足式机器人上应用。在单腿结构设计上，国内外腿部结构整体呈各有特色的"并跑"状态，虽然在结构实现方式上有很大不同，但都在一体化、轻量化和仿生设计上有所发展。

1.2.2 参数灵敏度分析

参数灵敏度分析首先应用在数学领域，主要用于分析参数变化引起的微分方程解的变化。具体分析方法是，将微分方程组的特征值、特征向量作为含有参数的多元函数，直接用来对参数进行微分运算。由于现代控制理论的发展需要，在诸多控制领域中引入参数灵敏度分析，研究外干扰对系统性能的影响，取得了很好的分析效果。

参数灵敏度分析的两种最基本方法是直接求导法和有限差分法。直接求导法作为参数灵敏度分析中最为常用的方法，定义灵敏度为性能表征量对参数的导数，该方法易于理解、思路简明、分析精度高，在动力学性能灵敏度分析方面已有颇多研究。然而只有当系统性能函数具有显式表达式时，直接求导法才易于使用，并且要求其对参数是可导的。而在实际工程问题中，其往往是隐式表达式，直接对参数求导较为困难，甚至对参数不可导，这样大大增加了使用直接求导法进行参数灵敏度分析的难度。有限差分法可以有效解决这一难题，该方法的大致思路是用差商代替参数的求导过程，将参数值进行微小变化，得到参数变化前后性能值的变化量，之后用性能值的变化量除以参数值的变化量，称这种方法为性能在该参数处的差分灵敏度。此外，正交实验设计作为灵敏度分析的新方法，通过若干次实验获得性能对参数的敏感程度。传统方法在参数处于某一个工况点时，需要进行大量灵敏度分析才可以表示该工况点参数对系统性能的影响程度，而正交实验设计可以有效解决这个问题，但正交实验设计对于各种系统的适用性问题，目前尚不明确。

最初的系统灵敏度是由 Bode[25]于 1946 年提出的，他定义灵敏度是由一个无穷小的参数偏差引起的系统变化，用于研究与分析一个系统的状态变量或输出变量的变化对系统各参数或周围环境条件改变的敏感程度。20 世纪 60 年代，Cruz 等[26]对之前 Bode 提出的灵敏度函数进行了延伸扩展，把灵敏度应用到一个线性时变系统中。20 世纪 90 年代，Gidescu 等[27]考虑到一阶灵敏度的精度问题，将二阶灵敏度理论成功应用于电力系统，得到了相对准确的分析结论[27]。

从 20 世纪 60 年代至今，国外多名学者对机械设计[28,29]、液压驱动系统[30]、水利系统[31]等方面涉及的灵敏度问题进行了较为深入和广泛的研究与应用，取得了丰硕的研究成果。21 世纪以来，我国的诸多学者开始重视灵敏度方向的研究，将灵敏度分析理论应用在可靠性分析[32]、稳定性分析[33]、电力系统[34]、机械结构设计以及机械振动传递[35]、声辐射[36]和产品管理[37]等领域。灵敏度分析应用领域如图 1.4 所示。

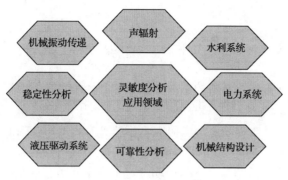

图 1.4 灵敏度分析应用领域

对于机械结构设计，在结构基本几何参数确定后，通常会由于各类因素，如使结构的固有频率避开激振源的振动频率等，需要对已有的结构几何尺寸进行进一步改进[38,39]。然而，采用经验法或试凑法修改复杂的机械结构几何尺寸具有相当的盲目性，尤其结构中又有多个参数可供优化，结构分析所需的计算量很大，从而降低了工作效率。灵敏度分析理论被用于大型复杂结构的重分析和动力学优化，分析各个结构参数或设计变量的变化对结构性能变化的敏感程度，可求出结构各部分刚度、阻尼及质量的变化对频率响应函数或结构特征值、特征向量改变的敏感程度，找出对结构动态性能影响较大的参数及其影响程度，从而指导参数的优化设计，以减少工作量，提高效率[40-45]。

对于机械振动传递，灵敏度分析可用于确定振动传递路径中各参数对机械振动的敏感性，从而进行基于自身结构参数的减振设计[46]。灵敏度分析也是主被动振动控制方案确定及控制参数优化的有效手段，例如，卡箍是管路被动振动控制的常用部件，对于不同结构参数和工作参数的管路，均可通过灵敏度分析的方法找到更为有效的被动振动控制点，从而实现卡箍的数量、位置及刚阻特性分布的优化[47]。

对电力系统而言，现今电力电子设备的更新和新型电力电子设备的投入，给电力系统增添了更多影响其稳定性的参数，灵敏度分析可用于指导控制系统自变量的输入，以实现控制因变量输出的目标，并利用灵敏度指标进一步优化系统的安全性能，从而提高系统稳定裕度或经济性指标。

对其他系统而言，灵敏度分析同样具有较大的实用价值[48-52]，由于篇幅所限，本书不再赘述。

第2章 腿部液压驱动系统数学建模

腿部液压驱动系统所具备的高精度柔顺控制性能直接关乎机器人整机在行走过程中的运动控制性能。本章采用国内外重点研究的主动柔顺控制方法之一的阻抗控制[53,54]为基本柔顺控制原理，研究基于位置及力的阻抗控制方法在腿部液压驱动系统上的实现方法。虽然阻抗控制原理已在足式机器人领域得到了应用，但是由于腿部复杂的机械结构存在的运动学与动力学问题，以及关节液压驱动装置存在的非线性、参数不确定性、干扰和环境负载复杂多变性等问题，仍有必要对两种阻抗控制原理在足式机器人腿部液压驱动系统中应用的理论和实践进行研究，本章研究工作也是后续章节研究的基础。

本章首先进行腿部液压驱动系统机械结构数学建模，建模过程涵盖机械结构运动学、静力学和动力学数学建模，以及腿部关节液压驱动单元位置和力控制系统机理建模；其次，结合数学建模过程，推导两种阻抗控制在腿部液压驱动系统中实现的控制原理，阐述具体控制过程，并搭建两种阻抗控制原理的非线性仿真模型；最后，利用腿部液压驱动系统性能实验平台与腿部足端系统负载模拟平台进行实验研究，找出现有系统控制性能的不足之处，为本书参数灵敏度分析奠定基础。

2.1 腿部液压驱动系统机械结构数学建模

2.1.1 运动学数学建模

1. 运动学正解

本书所研究的足式机器人腿部运动学模型简图如图 2.1 所示。图 2.1 中，OA、OB、OC、OD、DE、DF、EF 均为已知长度参数，AB 和 CE 分别为膝关节和踝关节液压驱动单元长度，随足式机器人的运动而实时改变。OA 与 X 轴负方向的夹角为 $10°$，$\angle BOD = 1°$，$\angle ODC = 13°$，$\angle FDE = 37.35°$。本书以膝关节 O 点为原点，水平向右为 X 轴正方向，竖直向上为 Y 轴正方向，建立平面直角坐标系，大腿 OD 绕膝关节 O 点旋转，设 OD 与 Y 轴负方向夹角为膝关节角度 θ_1，小腿 DF 绕踝关节 D 点旋转，设 DF 与 OD 延长线夹角为踝关节角度 θ_2，规定大腿、小腿逆时针旋转为正方向，设定初始位置为 $\theta_1 = -30°$、$\theta_2 = 60°$。

膝关节和踝关节部分结构尺寸如表 2.1 所示。

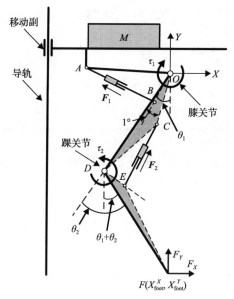

图 2.1　单腿运动学模型简图

表 2.1　膝关节和踝关节部分结构尺寸

杆	OA	OB	OD	DF	CD	DE
长度/mm	249	44	310	355.7	248	46

当膝关节和踝关节液压驱动单元位置变化量为自变量时，腿部液压驱动系统足端运动位置可表示为

$$\begin{cases} X_{\text{foot}}^X = f_1\left(\Delta X_{p1}, \Delta X_{p2}\right) \\ X_{\text{foot}}^Y = f_2\left(\Delta X_{p1}, \Delta X_{p2}\right) \end{cases} \tag{2.1}$$

式中，X_{foot}^X 为足端 X 轴方向运动位移；X_{foot}^Y 为足端 Y 轴方向运动位移；ΔX_{p1} 为膝关节液压驱动单元位置变化量；ΔX_{p2} 为踝关节液压驱动单元位置变化量。

在图 2.1 的 $\triangle AOB$ 中，根据余弦定理求解 $\angle AOB$ 可得

$$\angle AOB = \arccos\left(\frac{OA^2 + OB^2 - AB^2}{2 \cdot OA \cdot OB}\right) \tag{2.2}$$

设 l_{01} 为 AB 初始长度，则运动过程中 AB 长度为

$$AB = l_{01} + \Delta X_{p1} \tag{2.3}$$

由 O 点处几何关系可得

$$-\theta_1 + \angle AOB - \angle BOD = \angle AOC \tag{2.4}$$

由式(2.2)~式(2.4)联立可解得 θ_1 为

$$\theta_1 = \arccos\left[\frac{OA^2 + OB^2 - (l_{01} + \Delta X_{p1})^2}{2 \cdot OA \cdot OB}\right] - \alpha \tag{2.5}$$

式中， $\alpha = \angle AOC + \angle BOD = 101°$ 。

由已知几何参数可知，膝关节液压驱动单元 AB 两点的活动范围为

$$212\text{mm} \leqslant l_{01} + \Delta X_{p1} \leqslant 282\text{mm} \tag{2.6}$$

将膝关节液压驱动单元的活动范围以及表 2.1 中的 OA、OB 长度参数代入式(2.5)，求得 θ_1 的范围为

$$-71.087° \leqslant \theta_1 \leqslant 34.344° \tag{2.7}$$

在 $\triangle CDE$ 中，根据余弦定理可以求得

$$\angle CDE = \arccos\left(\frac{CD^2 + DE^2 - CE^2}{2 \cdot CD \cdot DE}\right) \tag{2.8}$$

设 l_{02} 为 CE 初始长度，则运动过程中 CE 长度为

$$CE = l_{02} + \Delta X_{p2} \tag{2.9}$$

由 D 点处几何关系可得

$$\theta_2 = \pi - \angle ODC - \angle EDF - \angle CDE \tag{2.10}$$

由式(2.8)~式(2.10)联立解得 θ_2 为

$$\theta_2 = \beta - \arccos\left[\frac{CD^2 + DE^2 - (l_{02} + \Delta X_{p2})^2}{2 \cdot CD \cdot DE}\right] \tag{2.11}$$

式中， $\beta = \pi - \angle ODC - \angle EDF = 129.65°$ 。

由已知几何参数可知，踝关节液压驱动单元 CE 两点的活动范围为

$$212\text{mm} \leqslant l_{02} + \Delta X_{p2} \leqslant 282\text{mm} \tag{2.12}$$

将踝关节液压驱动单元活动范围以及表 2.1 中的 CD、DE 长度参数代入式(2.11)，可求得 θ_2 的范围为

$$-4.541° \leqslant \theta_2 \leqslant 94.589° \tag{2.13}$$

由图 2.1 分析单腿结构的几何关系，可得如式(2.1)所示的运动学位置正解关系如下：

$$\begin{cases} X_{\text{foot}}^X = OD \cdot \sin\theta_1 + DF \cdot \sin(\theta_1 + \theta_2) \\ X_{\text{foot}}^Y = -[OD \cdot \cos\theta_1 + DF \cdot \cos(\theta_1 + \theta_2)] \end{cases} \tag{2.14}$$

2. 运动学反解

当腿部液压驱动系统足端运动位置为自变量时，膝关节和踝关节液压驱动单元位置变化量可以表示为

$$\begin{cases} \Delta X_{p1} = f_1(X_{\text{foot}}^X, X_{\text{foot}}^Y) \\ \Delta X_{p2} = f_2(X_{\text{foot}}^X, X_{\text{foot}}^Y) \end{cases} \tag{2.15}$$

当式(2.14)中的 θ_1、θ_2 为因变量，X_{foot}^X、X_{foot}^Y 为自变量时，整理如下：

$$\begin{cases} \theta_1 = \arcsin\left[\dfrac{(X_{\text{foot}}^X)^2 + (X_{\text{foot}}^Y)^2 + OD^2 - DF^2}{2 \cdot OD \cdot \sqrt{(X_{\text{foot}}^X)^2 + (X_{\text{foot}}^Y)^2}}\right] + \arctan\left[\dfrac{(X_{\text{foot}}^Y)^2}{(X_{\text{foot}}^X)^2}\right] \\ \theta_2 = \arccos\left[\dfrac{(X_{\text{foot}}^X)^2 + (X_{\text{foot}}^Y)^2 - OD^2 - DF^2}{2 \cdot OD \cdot DF}\right] \end{cases} \tag{2.16}$$

将式(2.5)、式(2.11)代入式(2.16)，整理可得形如式(2.17)的运动学位置反解关系如下：

$$\begin{cases} \Delta X_{p1} = \left(OA^2 + OB^2 - 2 \cdot OA \cdot OB \cdot \cos\left\{\alpha + \arctan\left(\dfrac{X_{\text{foot}}^Y}{X_{\text{foot}}^X}\right)\right.\right. \\ \qquad\qquad \left.\left. + \arcsin\left[\dfrac{(X_{\text{foot}}^X)^2 + (X_{\text{foot}}^Y)^2 + OD^2 - DF^2}{2 \cdot OD \cdot \sqrt{(X_{\text{foot}}^X)^2 + (X_{\text{foot}}^Y)^2}}\right]\right\}\right)^{\frac{1}{2}} - l_{01} \\ \Delta X_{p2} = \left(CD^2 + DE^2 - 2 \cdot CD \cdot DE \right. \\ \qquad\qquad \left. \cdot \cos\left\{\beta - \arccos\left[\dfrac{(X_{\text{foot}}^X)^2 + (X_{\text{foot}}^Y)^2 - OD^2 - DF^2}{2 \cdot OD \cdot DF}\right]\right\}\right)^{\frac{1}{2}} - l_{02} \end{cases} \tag{2.17}$$

2.1.2 静力学数学建模

1. 静力学反解

由虚功原理可知，各关节虚位移做功之和与末端执行器做功之和相等，则静力学反解关系可表示为如下形式：

$$\boldsymbol{\tau} = \boldsymbol{J}^{\mathrm{T}}(\boldsymbol{q})\boldsymbol{F} \tag{2.18}$$

式中，$\boldsymbol{\tau}$ 为膝关节与踝关节所受力矩；$\boldsymbol{J}^{\mathrm{T}}(\boldsymbol{q})$ 为单腿的力雅可比矩阵；$\boldsymbol{F}$ 为足端受力。

单腿的力雅可比矩阵 $\boldsymbol{J}^{\mathrm{T}}(\boldsymbol{q})$ 为

$$\boldsymbol{J}^{\mathrm{T}}(\boldsymbol{q}) = \begin{bmatrix} \dfrac{\partial X_{\mathrm{foot}}^{X}}{\partial \theta_1} & \dfrac{\partial X_{\mathrm{foot}}^{Y}}{\partial \theta_1} \\[3mm] \dfrac{\partial X_{\mathrm{foot}}^{X}}{\partial \theta_2} & \dfrac{X_{\mathrm{foot}}^{Y}}{\partial \theta_2} \end{bmatrix} \tag{2.19}$$

$$= \begin{bmatrix} OD \cdot \cos\theta_1 + DF \cdot \cos(\theta_1 + \theta_2) & OD \cdot \sin\theta_1 + DF \cdot \sin(\theta_1 + \theta_2) \\ DF \cdot \cos(\theta_1 + \theta_2) & DF \cdot \sin(\theta_1 + \theta_2) \end{bmatrix}$$

规定关节力矢量逆时针为正方向，关节力矢量 $\boldsymbol{\tau}$ 为

$$\boldsymbol{\tau} = \begin{bmatrix} \tau_1, \tau_2 \end{bmatrix}^{\mathrm{T}} \tag{2.20}$$

在图 2.1 的 $\triangle AOB$ 中，根据余弦定理可得

$$\cos\angle OAB = \frac{OA^2 + (l_{01} + \Delta X_{p1})^2 - OB^2}{2 \cdot OA \cdot (l_{01} + \Delta X_{p1})} \tag{2.21}$$

由式 (2.18) ~ 式 (2.21) 整理可得

$$\tau_1 = -\Delta F_{s1} \cdot OA \cdot \sin\left\{ \arccos\left[\frac{OA^2 + (l_{01} + \Delta X_{p1})^2 - OB^2}{2 \cdot OA \cdot (l_{01} + \Delta X_{p1})} \right] \right\} \tag{2.22}$$

式中，ΔF_{s1} 为膝关节力传感器检测信号。

在图 2.1 的 $\triangle CDE$ 中，根据余弦定理可得

$$\angle CED = \arccos\left(\frac{CE^2 + DE^2 - CD^2}{2 \cdot CE \cdot DE} \right) \tag{2.23}$$

由式 (2.18) ~ 式 (2.20) 和式 (2.23) 整理可得

$$\tau_2 = \Delta F_{s2} \cdot DE \cdot \sin\left\{\arccos\left[\frac{(l_{02} + \Delta X_{p2})^2 + DE^2 - CD^2}{2 \cdot (l_{02} + \Delta X_{p2}) \cdot DE}\right]\right\} \tag{2.24}$$

式中，ΔF_{s2} 为踝关节力传感器检测信号。

足端力矢量可表示为

$$\boldsymbol{F} = \begin{bmatrix} F_{\text{foot}}^X, & F_{\text{foot}}^Y \end{bmatrix}^{\mathrm{T}} \tag{2.25}$$

将式 (2.19)、式 (2.20)、式 (2.25) 代入式 (2.18)，整理可得

$$\begin{bmatrix} \tau_1 \\ \tau_2 \end{bmatrix} = \begin{bmatrix} OD \cdot \cos\theta_1 + DF \cdot \cos(\theta_1 + \theta_2) & OD \cdot \sin\theta_1 + DF \cdot \sin(\theta_1 + \theta_2) \\ DF \cdot \cos(\theta_1 + \theta_2) & DF \cdot \sin(\theta_1 + \theta_2) \end{bmatrix} \begin{bmatrix} F_{\text{foot}}^X \\ F_{\text{foot}}^Y \end{bmatrix} \tag{2.26}$$

将式 (2.22)、式 (2.24) 代入式 (2.26)，整理可得静力学反解关系如下：

$$\begin{cases} \Delta F_{s1} = -\dfrac{F_{\text{foot}}^X \cdot [OD \cdot \cos\theta_1 + DF \cdot \cos(\theta_1 + \theta_2)]}{OA \cdot \sin\left\{\arccos\left[\dfrac{OA^2 + \left(l_{01} + \Delta X_{p1}\right)^2 - OB^2}{2 \cdot OA \cdot \left(l_{01} + \Delta X_{p1}\right)}\right]\right\}} \\[6mm] \qquad\quad -\dfrac{F_{\text{foot}}^Y \cdot [OD \cdot \sin\theta_1 + DF \cdot \sin(\theta_1 + \theta_2)]}{OA \cdot \sin\left\{\arccos\left[\dfrac{OA^2 + \left(l_{01} + \Delta X_{p1}\right)^2 - OB^2}{2 \cdot OA \cdot \left(l_{01} + \Delta X_{p1}\right)}\right]\right\}} \\[6mm] \Delta F_{s2} = \dfrac{F_{\text{foot}}^X \cdot DF \cdot \cos(\theta_1 + \theta_2) + F_{\text{foot}}^Y \cdot DF \cdot \sin(\theta_1 + \theta_2)}{DE \cdot \sin\left\{\arccos\left[\dfrac{\left(l_{02} + \Delta X_{p2}\right)^2 + DE^2 - CD^2}{2 \cdot \left(l_{02} + \Delta X_{p2}\right) \cdot DE}\right]\right\}} \end{cases} \tag{2.27}$$

2. 静力学正解

对式 (2.18) 求逆，则静力学正解表达式可以表示为

$$\boldsymbol{F} = \left[\boldsymbol{J}^{\mathrm{T}}(\boldsymbol{q})\right]^{-1} \boldsymbol{\tau} \tag{2.28}$$

式中，$\left[\boldsymbol{J}^{\mathrm{T}}(\boldsymbol{q})\right]^{-1}$ 可以表示为

$$\left[\boldsymbol{J}^{\mathrm{T}}(\boldsymbol{q})\right]^{-1} = \frac{1}{OD \cdot DF \cdot \sin\theta_2} \begin{bmatrix} DF \cdot \sin(\theta_1 + \theta_2) & -[OD \cdot \sin\theta_1 + DF \cdot \sin(\theta_1 + \theta_2)] \\ -DF \cdot \cos(\theta_1 + \theta_2) & OD \cdot \cos\theta_1 + DF \cdot \cos(\theta_1 + \theta_2) \end{bmatrix}$$

$$\tag{2.29}$$

将式 (2.29) 代入式 (2.28)，可得

$$
\begin{bmatrix} F_{\text{foot}}^{X} \\ F_{\text{foot}}^{Y} \end{bmatrix} = \frac{1}{OD \cdot DF \cdot \sin\theta_2}
$$
$$
\cdot \begin{bmatrix} DF \cdot \sin(\theta_1 + \theta_2) & -[OD \cdot \sin\theta_1 + DF \cdot \sin(\theta_1 + \theta_2)] \\ -DF \cdot \cos(\theta_1 + \theta_2) & OD \cdot \cos\theta_1 + DF \cdot \cos(\theta_1 + \theta_2) \end{bmatrix} \begin{bmatrix} \tau_1 \\ \tau_2 \end{bmatrix} \tag{2.30}
$$

将式 (2.22)、式 (2.24) 代入式 (2.30)，可得

$$
\begin{cases}
\begin{aligned}
F_{\text{foot}}^{X} = {} & \frac{1}{OD \cdot DF \cdot \sin\theta_2} \left(\Delta F_{s1} \cdot OA \cdot \sin\left\{ \arccos\left[\frac{OA^2 + (l_{01} + \Delta X_{p1})^2 - OB^2}{2 \cdot OA \cdot (l_{01} + \Delta X_{p1})} \right] \right\} \cdot DF \cdot \sin(\theta_1 + \theta_2) \right. \\
& \left. + \Delta F_{s2} \cdot DE \cdot \sin\left\{ \arccos\left[\frac{(l_{02} + \Delta X_{p2})^2 + DE^2 - CD^2}{2 \cdot (l_{02} + \Delta X_{p2}) \cdot DE} \right] \right\} [OD \cdot \sin\theta_1 + DF \cdot \sin(\theta_1 + \theta_2)] \right) \\
F_{\text{foot}}^{Y} = {} & -\frac{1}{OD \cdot DF \cdot \sin\theta_2} \left(DF \cdot \cos(\theta_1 + \theta_2) \cdot \Delta F_{s1} \cdot OA \cdot \sin\left\{ \arccos\left[\frac{OA^2 + (l_{01} + \Delta X_{p1})^2 - OB^2}{2 \cdot OA \cdot (l_{01} + \Delta X_{p1})} \right] \right\} \right. \\
& \left. + [OD \cdot \cos\theta_1 + DF \cdot \cos(\theta_1 + \theta_2)] \cdot \Delta F_{s2} \cdot DE \cdot \sin\left\{ \arccos\left[\frac{(l_{02} + \Delta X_{p2})^2 + DE^2 - CD^2}{2 \cdot (l_{02} + \Delta X_{p2}) \cdot DE} \right] \right\} \right)
\end{aligned}
\end{cases} \tag{2.31}
$$

3. 腿部足端运动空间计算

为了便于对足端位置进行控制，本书设定 $\theta_1 = -30°$、$\theta_2 = 60°$ 为足端的初始位置，此时足端的坐标为 $F_O = (22.85, -576.51)$。将 O 点坐标变换至 $F_O\left(X_{\text{foot}}^{X}, X_{\text{foot}}^{Y} \right)$，其变换公式为

$$
\begin{cases}
X_{\text{foot}}^{X} = X_{\text{foot}}^{X'} - 22.85 \\
X_{\text{foot}}^{Y} = X_{\text{foot}}^{Y'} + 576.51
\end{cases} \tag{2.32}
$$

式中，$X_{\text{foot}}^{X'}$ 为位置变换之前以 O 为原点时足端位置的 X 轴坐标；$X_{\text{foot}}^{Y'}$ 为位置变换之前以 O 为原点时足端位置的 Y 轴坐标；X_{foot}^{X} 为位置变换之后，即以 F_O 为原点时足端位置的 X 轴坐标；X_{foot}^{Y} 为位置变换之后，即以 F_O 为原点时足端位置的 Y 轴坐标。

此时，运动学位置正解为

$$
\begin{cases}
X_{\text{foot}}^{X} = OD \cdot \sin\theta_1 + DF \cdot \sin(\theta_1 + \theta_2) + a \\
X_{\text{foot}}^{Y} = -[OD \cdot \cos\theta_1 + DF \cdot \cos(\theta_1 + \theta_2)] + b
\end{cases} \tag{2.33}
$$

式中，$a = -22.85\text{mm}$；$b = 576.51\text{mm}$。

运动学位置反解为

$$
\begin{cases}
\Delta X_{p1} = \left(OA^2 + OB^2 - 2 \cdot OA \cdot OB \cdot \cos \left\{ \alpha + \arctan \left(\dfrac{X_{\text{foot}}^Y - b}{X_{\text{foot}}^X - a} \right) \right. \right. \\
\qquad \left. \left. + \arcsin \left[\dfrac{(X_{\text{foot}}^X - a)^2 + (X_{\text{foot}}^Y - b)^2 + OD^2 - DF^2}{2OD \cdot \sqrt{(X_{\text{foot}}^X - a)^2 + (X_{\text{foot}}^Y - b)^2}} \right] \right\} \right)^{\frac{1}{2}} - l_{01} \\
\Delta X_{p2} = \left(CD^2 + DE^2 - 2CD \cdot DE \right. \\
\qquad \left. \cdot \cos \left\{ \beta - \arccos \left[\dfrac{(X_{\text{foot}}^X - a)^2 + (X_{\text{foot}}^Y - b)^2 - OD^2 - DF^2}{2 \cdot OD \cdot DF} \right] \right\} \right)^{\frac{1}{2}} - l_{02}
\end{cases}
\tag{2.34}
$$

当膝关节、踝关节处于不同运动状态角度 θ_1 与 θ_2 时，通过不同横坐标位置下纵坐标极值的运算，进行足端空间位置的求解。本书应用拉格朗日乘数法求解，定义 $\varphi(\theta_1, \theta_2)$ 函数：

$$
\varphi(\theta_1, \theta_2) = X_{\text{foot}}^X - OD \cdot \sin\theta_1 - DF \cdot \sin(\theta_1 + \theta_2) - a
\tag{2.35}
$$

找出函数 $X_{\text{foot}}^Y(\theta_1, \theta_2)$ 在条件 $\varphi(\theta_1, \theta_2) = 0$ 下可能的极值点，构造辅助函数为

$$
L(\theta_1, \theta_2, \lambda) = X_{\text{foot}}^Y(\theta_1, \theta_2) + \lambda \cdot \varphi(\theta_1, \theta_2)
\tag{2.36}
$$

对式 (2.36) 求偏导，可得

$$
\begin{cases}
L_{\theta_1}(\theta_1, \theta_2, \lambda) = OD \cdot \sin\theta_1 + DF \cdot \sin(\theta_1 + \theta_2) + \lambda \cdot [OD \cdot \cos\theta_1 + DF \cdot \cos(\theta_1 + \theta_2)] \\
L_{\theta_2}(\theta_1, \theta_2, \lambda) = DF \cdot \sin(\theta_1 + \theta_2) + \lambda \cdot DF \cdot \cos(\theta_1 + \theta_2) \\
L_{\lambda}(\theta_1, \theta_2, \lambda) = X_{\text{foot}}^X - OD \cdot \sin\theta_1 - DF \cdot \sin(\theta_1 + \theta_2) - a
\end{cases}
\tag{2.37}
$$

对式 (2.37) 进行求解，可得

$$
\begin{cases}
\theta_1 = \arcsin \left(\dfrac{X_{\text{foot}}^X - a}{OD + DF} \right) \\
\theta_2 = 0° \\
\lambda = -\tan \left[\arcsin \left(\dfrac{X_{\text{foot}}^X - a}{OD + DF} \right) \right]
\end{cases}
\tag{2.38}
$$

将式(2.38)代入式(2.33)，可得 X_{foot}^{X} 的范围为

$$-652.610\mathrm{mm} \leqslant X_{\mathrm{foot}}^{X} \leqslant 352.414\mathrm{mm} \tag{2.39}$$

将式(2.38)代入式(2.33)，解得

$$X_{\mathrm{foot}}^{Y} = -\sqrt{(OD+DF)^2 - (X_{\mathrm{foot}}^{X} - a)^2} + b \tag{2.40}$$

由式(2.39)、式(2.40)经计算可得如图 2.2 中(1)所示边界。

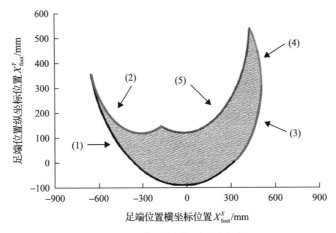

图 2.2　腿部足端位置运动空间

在 θ_1、θ_2 位于边界时，$X_{\mathrm{foot}}^{Y}(\theta_1, \theta_2)$ 在条件 $\varphi(\theta_1, \theta_2) = 0$ 下的极值点讨论如下。

当 $\theta_1 = -71.087°$ 且 $-4.541° \leqslant \theta_2 \leqslant 94.589°$ 时，代入式(2.33)可得 X_{foot}^{X} 的范围为

$$-660.681\mathrm{mm} \leqslant X_{\mathrm{foot}}^{X} \leqslant -174.438\mathrm{mm} \tag{2.41}$$

将 $\theta_1 = -71.087°$ 代入式(2.33)，可得

$$X_{\mathrm{foot}}^{Y} = -OD \cdot \cos c - \sqrt{DF^2 - (X_{\mathrm{foot}}^{Y} - a + OD \cdot \sin c)^2} + b \tag{2.42}$$

式中，$c = -71.087°$。由式(2.41)、式(2.42)经计算可得如图 2.2 中(2)所示的边界。

当 $\theta_1 = 34.344°$ 且 $-4.541° \leqslant \theta_2 \leqslant 55.656°$ 时，代入式(2.40)可得 X_{foot}^{X} 的范围为

$$328.829\mathrm{mm} \leqslant X_{\mathrm{foot}}^{X} \leqslant 507.739\mathrm{mm} \tag{2.43}$$

将 $\theta_1 = 34.344°$ 代入式(2.33)，可得

$$X_{\mathrm{foot}}^{Y} = -OD \cdot \cos d - \sqrt{DF^2 - (X_{\mathrm{foot}}^{Y} - a - OD \cdot \sin d)^2} + b \tag{2.44}$$

式中，$d = 34.344°$。由式(2.43)、式(2.44)经计算可得如图 2.2 中(3)所示的边界。

当 $\theta_1 = 34.344°$ 且 $55.656° \leqslant \theta_2 \leqslant 94.589°$ 时，代入式(2.40)可得 X_{foot}^X 的范围为

$$428.860\text{mm} \leqslant X_{\text{foot}}^X \leqslant 507.739\text{mm} \tag{2.45}$$

将 $\theta_1 = 34.344°$ 代入式(2.33)，可得

$$X_{\text{foot}}^Y = -OD \cdot \cos d + \sqrt{DF^2 - (X_{\text{foot}}^Y - a - OD \cdot \sin d)^2} + b \tag{2.46}$$

由式(2.45)、式(2.46)经计算可得如图 2.2 中(4)所示的边界。

当 $\theta_2 = 94.589°$ 且 $-71.087° \leqslant \theta_1 \leqslant 34.344°$ 时，代入式(2.30)可得 X_{foot}^X 的范围为

$$-174.267\text{mm} \leqslant X_{\text{foot}}^X \leqslant 428.714\text{mm} \tag{2.47}$$

将 $\theta_1 = 34.344°$ 代入式(2.33)，可得

$$X_{\text{foot}}^Y = -\sqrt{OD^2 + DF^2 + 2 \cdot OD \cdot DF \cdot \cos e - (X_{\text{foot}}^X + 22.85)^2} + b \tag{2.48}$$

式中，$e = 34.344°$。

由式(2.47)、式(2.48)经计算可得如图 2.2 中(5)所示的边界。最终整理可得

$$\begin{cases} (1)\, X_{\text{foot}}^Y = -\sqrt{(OD+DF)^2 - (X_{\text{foot}}^X - a)^2} + b, \\ \quad -652.610\text{mm} \leqslant X_{\text{foot}}^X \leqslant 352.414\text{mm} \\ (2)\, X_{\text{foot}}^Y = -OD \cdot \cos c - \sqrt{DF^2 - (X_{\text{foot}}^Y - a + OD \cdot \sin c)^2} + b, \\ \quad -660.681\text{mm} \leqslant X_{\text{foot}}^X \leqslant -174.438\text{mm} \\ (3)\, X_{\text{foot}}^Y = -OD \cdot \cos d - \sqrt{DF^2 - (X_{\text{foot}}^Y - a - OD \cdot \sin d)^2} + b, \\ \quad 328.829\text{mm} \leqslant X_{\text{foot}}^X \leqslant 507.739\text{mm} \\ (4)\, X_{\text{foot}}^Y = -OD \cdot \cos d + \sqrt{DF^2 - (X_{\text{foot}}^Y - a - OD \cdot \sin d)^2} + b, \\ \quad 428.860\text{mm} \leqslant X_{\text{foot}}^X \leqslant 507.739\text{mm} \\ (5)\, X_{\text{foot}}^Y = -\sqrt{OD^2 + DF^2 + 2 \cdot OD \cdot DF \cdot \cos e - (X_{\text{foot}}^X + 22.85)^2} + b, \\ \quad -174.267\text{mm} \leqslant X_{\text{foot}}^X \leqslant 428.714\text{mm} \end{cases} \tag{2.49}$$

综合式(2.33)和式(2.49)，得到腿部足端位置运动空间如图 2.2 中阴影所示。

2.1.3 动力学数学建模

在腿部进行运动时，膝关节和踝关节液压驱动单元的质心变化不大，因此其

对图 2.1 中 *OD* 构件、*DF* 构件的质心位置变化影响可以忽略不计，即在足式机器人单腿运动时两腿的转动惯量可以视为定值。所以，本节进行动力学求解时忽略两液压缸位置变化，利用拉格朗日方法求解动力学方程，解出任意运动状态下膝关节、踝关节所受力矩，继而结合静力学反解可以求得任意运动状态下的两个液压驱动单元的输出。

当忽略膝关节和踝关节液压驱动单元质心变化时，足式机器人腿部动力学模型简图如图 2.3 所示。

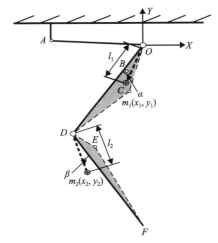

图 2.3　单腿动力学模型简图

图 2.3 中，α 与 β 分别为 *OD* 构件与 *DF* 构件质心位置相对于直线 *OD*、直线 *DF* 的偏离角度，l_1、l_2 分别为 *OD* 构件与 *DF* 构件质心位置相对于 *O* 点和 *D* 点的距离，*OD* 构件与 *DF* 构件偏离角度以逆时针方向为旋转正方向。

由图 2.3 的几何关系可得机器人 *OD* 构件质心坐标 $m_1(x_1, y_1)$ 为

$$\begin{cases} x_1 = l_1 \cdot \sin(\theta_1 + \alpha) \\ y_1 = -l_1 \cdot \cos(\theta_1 + \alpha) \end{cases} \tag{2.50}$$

OD 构件质心 v_1^2 为

$$v_1^2 = \dot{x}_1^2 + \dot{y}_1^2 = (l_1 \cdot \dot{\theta}_1)^2 \tag{2.51}$$

OD 构件绕过 *O* 点的 z_1 轴转动惯量为 J_1，则 *OD* 构件的动能 E_{k1} 为

$$E_{k1} = \frac{1}{2} m_1 \cdot (l_1 \cdot \dot{\theta}_1)^2 + \frac{1}{2} J_1 \cdot \dot{\theta}_1^2 \tag{2.52}$$

势能 E_{m1} 为

$$E_{m1} = -m_1 \cdot g \cdot l_1 \cdot \cos(\theta_1 + \alpha) \tag{2.53}$$

式中，g 为重力加速度。

由图 2.3 的几何关系可得足式机器人 DF 构件质心 $m_2(x_2, y_2)$ 的坐标为

$$\begin{cases} x_2 = OD \cdot \sin\theta_1 + l_1 \cdot \sin(\theta_1 + \theta_2 + \beta) \\ y_2 = -OD \cdot \cos\theta_1 - l_1 \cdot \cos(\theta_1 + \theta_2 + \beta) \end{cases} \tag{2.54}$$

DF 构件质心 v_2^2 为

$$\begin{aligned} v_2^2 &= \dot{x}_2^2 + \dot{y}_2^2 \\ &= OD^2 \cdot \dot{\theta}_1^2 + l_2^2(\dot{\theta}_1 + \dot{\theta}_2)^2 + 2 \cdot OD \cdot l_2(\dot{\theta}_1^2 + \dot{\theta}_1 \cdot \dot{\theta}_2)\cos(\beta + \dot{\theta}_2) \end{aligned} \tag{2.55}$$

DF 构件绕过 D 点的 z_2 轴转动惯量为 J_2，则 DF 构件的动能 E_{k2} 为

$$\begin{aligned} E_{k2} &= \frac{1}{2} m_2 \cdot OD^2 \cdot \dot{\theta}_1^2 + \frac{1}{2} m_2 \cdot l_2^2(\dot{\theta}_1 + \dot{\theta}_2)^2 \\ &\quad + m_2 \cdot OD \cdot l_2(\dot{\theta}_1^2 + \dot{\theta}_1 \cdot \dot{\theta}_2)\cos(\beta + \dot{\theta}_2) + \frac{1}{2} J_2 \cdot (\dot{\theta}_1 + \dot{\theta}_2)^2 \end{aligned} \tag{2.56}$$

势能 E_{m2} 为

$$E_{m2} = -m_2 \cdot g \cdot OD \cdot \cos\theta_1 - m_2 \cdot g \cdot l_2 \cdot \cos(\theta_1 + \theta_2 + \beta) \tag{2.57}$$

拉格朗日动力学方程为

$$\frac{\mathrm{d}}{\mathrm{d}t}\left(\frac{\partial L_{\mathrm{ag}}}{\partial \dot{q}_j}\right) - \frac{\partial L_{\mathrm{ag}}}{\partial q_j} = Q_j \tag{2.58}$$

式中，q_j 为广义坐标；Q_j 为对应广义坐标的广义力。

L_{ag} 表示拉格朗日函数，其表达式为

$$L_{\mathrm{ag}} = E_k - E_m \tag{2.59}$$

由式 (2.59) 可得

$$\begin{aligned} L_{\mathrm{ag}} &= E_{k1} + E_{k2} - E_{m1} - E_{m2} \\ &= \frac{1}{2} m_1 \cdot (l_1 \cdot \dot{\theta}_1)^2 + \frac{1}{2} m_2 \cdot OD^2 \cdot \dot{\theta}_1^2 + \frac{1}{2} m_2 \cdot l_2^2(\dot{\theta}_1 + \dot{\theta}_2)^2 \\ &\quad + \frac{1}{2} J_2 \cdot (\dot{\theta}_1 + \dot{\theta}_2)^2 + \frac{1}{2} J_1 \cdot \dot{\theta}_1^2 + m_2 \cdot OD \cdot l_2(\dot{\theta}_1^2 + \dot{\theta}_1 \cdot \dot{\theta}_2)\cos(\beta + \dot{\theta}_2) \\ &\quad + m_1 \cdot g \cdot l_1 \cdot \cos(\theta_1 + \alpha) + m_2 \cdot g \cdot OD \cdot \cos\theta_1 + m_2 \cdot g \cdot l_2 \cdot \cos(\theta_1 + \theta_2 + \beta) \end{aligned} \tag{2.60}$$

膝关节力矩 τ_1 为

$$
\begin{aligned}
\tau_1 &= \frac{\mathrm{d}}{\mathrm{d}t}\left(\frac{\partial L_{\mathrm{ag}}}{\partial \dot{\theta}_1}\right) - \frac{\partial L_{\mathrm{ag}}}{\partial \theta_1} \\
&= [m_1 \cdot l_1^2 + m_2 \cdot l_2^2 + m_2 \cdot OD^2 + 2 \cdot m_2 \cdot OD \cdot l_2 \cdot \cos(\theta_2 + \beta) + J_1 + J_2] \cdot \ddot{\theta}_1 \\
&\quad + [m_2 \cdot l_2^2 + m_2 \cdot OD \cdot l_2 \cdot \cos(\theta_2 + \beta) + J_2] \cdot \ddot{\theta}_2 \\
&\quad - 2 \cdot m_2 \cdot OD \cdot l_2 \cdot \sin(\theta_2 + \beta) \cdot \dot{\theta}_1 \cdot \dot{\theta}_2 - m_2 \cdot OD \cdot l_2 \cdot \sin(\theta_2 + \beta) \cdot \dot{\theta}_2^2 \\
&\quad + m_1 \cdot g \cdot l_1 \cdot \sin(\theta_1 + \alpha) + m_2 \cdot g \cdot l_1 \cdot \sin\theta_1 + m_2 g l_2 \sin(\theta_1 + \theta_2 + \beta)
\end{aligned}
\tag{2.61}
$$

式(2.61)可简化为如下形式：

$$
\tau_1 = D_{11} \cdot \ddot{\theta}_1 + D_{12} \cdot \ddot{\theta}_2 + D_{112} \cdot \dot{\theta}_1 \cdot \dot{\theta}_2 + D_{122} \cdot \dot{\theta}_2^2 + D_1
\tag{2.62}
$$

式中，各项系数可表示为

$$
\begin{cases}
D_{11} = m_1 \cdot l_1^2 + m_2 \cdot l_2^2 + m_2 \cdot OD^2 + 2 \cdot m_2 \cdot OD \cdot l_2 \cdot \cos(\theta_2 + \beta) + J_1 + J_2 \\
D_{12} = m_2 \cdot l_2^2 + m_2 \cdot OD \cdot l_2 \cdot \cos(\theta_2 + \beta) + J_2 \\
D_{112} = -2 \cdot m_2 \cdot OD \cdot l_2 \cdot \sin(\theta_2 + \beta) \\
D_{122} = -m_2 \cdot OD \cdot l_2 \cdot \sin(\theta_2 + \beta) \\
D_1 = m_1 \cdot g \cdot l_1 \cdot \sin(\theta_1 + \alpha) + m_2 \cdot g \cdot OD \cdot \sin\theta_1 + m_2 \cdot g \cdot l_2 \cdot \sin(\theta_1 + \theta_2 + \beta)
\end{cases}
\tag{2.63}
$$

踝关节力矩 τ_2 为

$$
\begin{aligned}
\tau_2 &= \frac{\mathrm{d}}{\mathrm{d}t}\left(\frac{\partial L_{\mathrm{ag}}}{\partial \dot{\theta}_2}\right) - \frac{\partial L_{\mathrm{ag}}}{\partial \theta_2} \\
&= [m_2 \cdot l_2^2 + m_2 \cdot OD \cdot l_2 \cdot \cos(\theta_2 + \beta) + J_1] \cdot \ddot{\theta}_1 + [m_2 \cdot l_2^2 + J_1] \cdot \ddot{\theta}_2 \\
&\quad + m_2 \cdot OD \cdot l_2 \cdot \sin(\theta_2 + \beta) \cdot \dot{\theta}_1^2 + m_2 \cdot g \cdot l_2 \cdot \sin(\theta_1 + \theta_2 + \beta)
\end{aligned}
\tag{2.64}
$$

式(2.64)可进一步简化为如下形式：

$$
\tau_2 = D_{21} \cdot \ddot{\theta}_1 + D_{22} \cdot \ddot{\theta}_2 + D_{211} \cdot \dot{\theta}_1^2 + D_2
\tag{2.65}
$$

式中，各项系数可表示为

$$
\begin{cases}
D_{21} = m_2 \cdot l_2^2 + m_2 \cdot OD \cdot l_2 \cdot \cos(\theta_2 + \beta) + J_1 \\
D_{22} = m_2 \cdot l_2^2 + J_1 \\
D_{211} = m_2 \cdot OD \cdot l_2 \cdot \sin(\theta_2 + \beta) \\
D_2 = m_2 \cdot g \cdot l_2 \cdot \sin(\theta_1 + \theta_2 + \beta)
\end{cases}
\tag{2.66}
$$

由式(2.62)和式(2.65)整理可得两个关节转矩表达式为

$$\begin{bmatrix} \tau_1 \\ \tau_2 \end{bmatrix} = \begin{bmatrix} D_{11} & D_{12} \\ D_{21} & D_{22} \end{bmatrix} \begin{bmatrix} \ddot{\theta}_1 \\ \ddot{\theta}_2 \end{bmatrix} + \begin{bmatrix} 0 & D_{122} \\ D_{211} & 0 \end{bmatrix} \begin{bmatrix} \dot{\theta}_1^2 \\ \dot{\theta}_2^2 \end{bmatrix} + \begin{bmatrix} D_{112} & 0 \\ 0 & 0 \end{bmatrix} \begin{bmatrix} \dot{\theta}_1 \dot{\theta}_2 \\ \dot{\theta}_1 \dot{\theta}_2 \end{bmatrix} + \begin{bmatrix} D_1 \\ D_2 \end{bmatrix} \quad (2.67)$$

由式(2.5)、式(2.11)、式(2.18)、式(2.20)、式(2.61)、式(2.62)、式(2.64)、式(2.65)联立，解得腿部各关节液压驱动单元受力的动力学关系为

$$\begin{cases} \Delta F_{s1} = -\dfrac{D_{11} \cdot \ddot{\theta}_1 + D_{12} \cdot \ddot{\theta}_2 + D_{112} \cdot \dot{\theta}_1 \cdot \dot{\theta}_2 + D_{122} \cdot \theta_2^2 + D_1}{OA \cdot \sin\left\{ \arccos\left[\dfrac{OA^2 + (l_{01} + \Delta X_{p1})^2 - OB^2}{2 \cdot OA \cdot (l_{01} + \Delta X_{p1})} \right] \right\}} \\[4ex] \Delta F_{s2} = \dfrac{D_{21} \cdot \ddot{\theta}_1 + D_{22} \cdot \ddot{\theta}_2 + D_{211} \cdot \theta_1^2 + D_2}{DE \cdot \sin\left\{ \arccos\left[\dfrac{(l_{02} + \Delta X_{p2})^2 + CD^2 - DE^2}{2 \cdot (l_{02} + \Delta X_{p2}) \cdot CD} \right] \right\}} \end{cases} \quad (2.68)$$

根据图 2.1 单腿运动学模型，关节角位移 θ_1、θ_2 与两个液压缸位移有关。式(2.68)中含有 $\ddot{\theta}_1$ 和 $\ddot{\theta}_2$ 的项是由加速度引起的关节惯性力矩项，含有 $\dot{\theta}_1$ 和 $\dot{\theta}_2$ 的项是由向心力引起的耦合力矩项，含有 $\dot{\theta}_1 \dot{\theta}_2$ 的项是由科氏力引起的耦合力矩项，含有关节角位移 θ_1 和 θ_2 的项是由重力引起的关节力矩项。

2.2　腿部关节液压驱动单元数学建模

2.2.1　位置控制系统机理建模

液压驱动单元是腿部液压驱动系统关节执行器，是一种高功率密度的集成式阀控非对称缸结构，其三维装配图如图 2.4 所示。

图 2.4　液压驱动单元三维装配图

将伺服阀近似等效为二阶振荡环节，其阀芯位移与伺服放大板输入电压的传递函数为

$$\frac{\Delta F_s}{U_g} = G_{1f}(s)G_{2f}(s)$$

$$= \frac{K_{axv}\left(m_{t1}s+B_{p1}\right)\left[\dfrac{A_{p1}K_1V_2 + A_{p2}K_2V_1}{\beta_e}s + C_{ip}\left(A_{p1}-A_{p2}\right)(K_1-K_2)\right]}{\left(\dfrac{s^2}{\omega^2}+\dfrac{2\zeta}{\omega}s+1\right)\left\{\left(m_{t1}s+B_{p1}\right)\left[\dfrac{V_1V_2}{\beta_e^2}s^2 + \dfrac{C_{ip}(V_1+V_2)}{\beta_e}s\right]+\dfrac{A_{p1}^2V_2 + A_{p2}^2V_1}{\beta_e}s + C_{ip}\left(A_{p1}-A_{p2}\right)^2\right\}}$$

$$(2.69)$$

式中，C_{ip} 为伺服缸内泄漏系数；β_e 为有效体积模量；V_1 为左腔容积；V_2 为右腔容积；m_{t1} 为液压驱动单元折算到伺服缸活塞上的总质量；B_{p1} 为液压驱动单元黏性阻尼系数；K_1 为伺服缸左腔压力非线性系数；K_2 为伺服缸右腔压力非线性系数；K_{axv} 为伺服阀增益；ζ 为伺服阀阻尼比；ω 为伺服阀固有频率。

由于管道和阀腔内压力损失远小于阀口处节流压力损失，所以可忽略不计，考虑压力-流量非线性，伺服阀左腔流量可表示为

$$q_1 = K_d x_v\sqrt{\frac{[1+\text{sgn}(x_v)]P_s}{2} + \frac{[-1+\text{sgn}(x_v)]p_0}{2} - \text{sgn}(x_v)p_1}$$

$$(2.70)$$

伺服阀右腔流量可表示为

$$q_2 = K_d x_v\sqrt{\frac{[1-\text{sgn}(x_v)]P_s}{2} + \frac{[-1-\text{sgn}(x_v)]p_0}{2} + \text{sgn}(x_v)p_2}$$

$$(2.71)$$

式中，x_v 为伺服阀阀芯位移；P_s 为系统供油压力；p_1 为伺服缸左腔压力；p_2 为伺服缸右腔压力；p_0 为系统回油压力；K_d 为折算流量系数，其表达式为

$$K_d = C_d W\sqrt{\frac{2}{\rho}}$$

$$(2.72)$$

其中，C_d 为伺服阀滑阀节流口流量系数；W 为面积梯度；ρ 为液压油密度。

对于伺服阀控制非对称缸液压驱动系统，考虑伺服缸泄漏和油液压缩性的影响，伺服缸左腔流量可表示为

$$q_1 = A_{p1}\frac{\mathrm{d}\Delta x_p}{\mathrm{d}t} + C_{ip}(p_1-p_2) + C_{ep}p_1 + \frac{V_1}{\beta_e}\frac{\mathrm{d}p_1}{\mathrm{d}t}$$

$$(2.73)$$

伺服缸右腔流量可表示为

$$q_2 = A_{p2}\frac{\mathrm{d}\Delta x_p}{\mathrm{d}t} + C_{ip}(p_1 - p_2) - C_{ep}p_2 - \frac{V_2}{\beta_e}\frac{\mathrm{d}p_2}{\mathrm{d}t} \tag{2.74}$$

式中，A_{p1} 为伺服缸活塞左腔有效面积；A_{p2} 为伺服缸活塞右腔有效面积；Δx_p 为伺服缸活塞位移相对于其初始位置的变化量；C_{ip} 为伺服缸内泄漏系数；C_{ep} 为伺服缸外泄漏系数；β_e 为有效体积模量。

在式(2.73)、式(2.74)中，把 x_p 定义为伺服缸活塞位移，也就是传感器检测位移值(位置控制系统闭环值)，则伺服缸活塞位移相对于其初始位置的变化量 Δx_p 可表示为

$$\Delta x_p = x_p - L_0 \tag{2.75}$$

式中，L_0 为伺服缸活塞初始位置；x_p 为伺服缸活塞位移。

式(2.73)中，V_1 可表示为

$$\begin{cases} V_1 = V_{01} + A_{p1}\Delta x_p \\ V_{01} = V_{g1} + A_{p1}L_0 \end{cases} \tag{2.76}$$

式中，V_{01} 为进油腔初始容积；V_{g1} 为伺服阀与伺服缸左腔连接流道容积。

式(2.74)中，V_2 可表示为

$$\begin{cases} V_2 = V_{02} - A_{p2}\Delta x_p \\ V_{02} = V_{g2} + A_{p2}(L_c - L_0) \end{cases} \tag{2.77}$$

式中，L_c 为伺服缸活塞实际位置；V_{02} 为回油腔初始容积；V_{g2} 为伺服阀与伺服缸右腔连接流道容积。

若考虑负载特性对位置控制系统的影响，则伺服缸力平衡方程为

$$A_{p1}p_1 - A_{p2}p_2 = (m_{t1} + m_{t2})\frac{\mathrm{d}\Delta x_p^2}{\mathrm{d}^2 t}(B_{p1} + B_{p2})\frac{\mathrm{d}\Delta x_p}{\mathrm{d}t} + K\Delta x_p + (F_{f1} + F_{f2}) + F_L \tag{2.78}$$

式中，K 为负载刚度；m_{t1} 为液压驱动单元折算到伺服缸活塞上的总质量；m_{t2} 为负载质量；B_{p1} 为液压驱动单元黏性阻尼系数；B_{p2} 为负载阻尼系数；F_{f1} 为液压驱动单元内部库仑摩擦力；F_{f2} 为负载端库仑摩擦力；F_L 为外负载力。

位移传感器反馈电压与伺服缸活塞杆位移的传递函数为

$$\frac{U_p}{X_p} = K_X \qquad (2.79)$$

式中，K_X 为位移传感器增益。

联立式(2.69)～式(2.79)，液压驱动单元位置闭环控制系统方框图如图 2.5 所示。图中，K_{PID} 为 PID 系数。

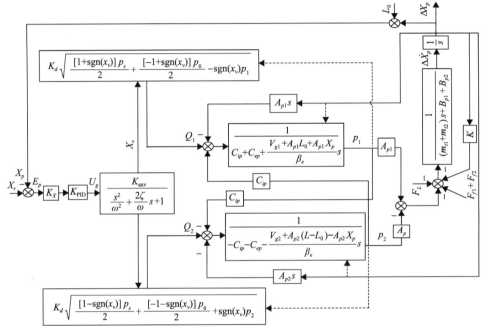

图 2.5　液压驱动单元位置闭环控制系统方框图

图 2.5 中，E_p 为 X_p 相对于输入位置 X_r 的变化量，即位置偏差

$$E_p = X_r - X_p \qquad (2.80)$$

E_p 的产生导致液压驱动单元位置控制精度的降低，其主要由以下两部分构成：第一部分是由外负载力 F_L 引起的系统位置偏差；第二部分是由输入位置 X_r 引起的系统位置偏差。

2.2.2　力控制系统机理建模

无论是位置控制系统还是力控制系统，机理建模都是基于液压驱动单元结构的，阀芯位移与伺服放大器输入电压的传递函数均为式(2.69)；伺服阀左、右腔流量公式均为式(2.70)和式(2.71)；伺服缸左、右腔流量和左、右腔腔容积公式均为式(2.73)、式(2.74)和式(2.76)、式(2.77)。

若将力控制系统的外干扰定义为外负载位置，则伺服缸力平衡方程为

$$A_{p1}p_1 - A_{p2}p_2 = m_{t1}\frac{\mathrm{d}\Delta x_p^2}{\mathrm{d}^2 t} + B_{p1}\frac{\mathrm{d}\Delta x_p}{\mathrm{d}t} + m_{t2}\frac{\mathrm{d}(x_L - \Delta x_p)^2}{\mathrm{d}^2 t} + B_{p2}\frac{\mathrm{d}(x_L - \Delta x_p)}{\mathrm{d}t} \quad (2.81)$$
$$+ K(x_L - \Delta x_p) + (F_{f1} + F_{f2})$$

式中，X_L 为外负载位置。

联立式(2.70)～式(2.77)和式(2.81)，建立液压驱动单元力闭环控制系统方框图如图 2.6 所示。

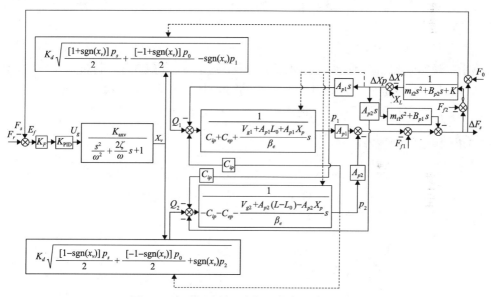

图 2.6　液压驱动单元力闭环控制系统方框图

图 2.6 中，K_F 为力传感器增益，E_f 为 F_s 相对于输入力 F_r 的变化量，即力偏差为

$$E_f = F_r - F_s \quad (2.82)$$

E_f 的产生导致液压驱动单元力控制精度的降低，与位置控制系统类似，其也主要由以下两部分构成：第一部分是由外负载位置干扰 X_L 引起的系统力偏差；第二部分是由输入力 F_r 偏差引起的系统力偏差。特别地，当力传感器初始值为零时，

$F_s = \Delta F_s$ ，其中 ΔF_s 表示由力传感器检测到的力变化量。

2.3　腿部液压驱动系统阻抗控制数学建模

阻抗控制是一种主动柔顺控制方法，而柔顺控制方法是使系统具备动态柔顺性的一种方法。动态柔顺性是指控制系统在外负载力或外负载位置的作用下系统位置或力变化的难易程度，其衡量指标为动态刚度，即控制系统力变化量与位置变化量的比值，动态刚度越大(越趋近于无穷)，系统的动态柔顺性越差，动态刚度越小(越趋近于零)，系统的动态柔顺性越好。

针对位置控制系统而言，动态刚度就是系统负载力与输出位置的比值，该比值越大，说明系统在受到负载力时输出位置变化量越小，因此其动态刚度越大，特别是当位置控制系统动态刚度为无穷大时，说明无论负载力如何变化，系统输出位置完全不受影响，此时位置控制系统具备最优的抗干扰性能。

针对力控制系统而言，动态刚度就是系统输出力与负载位置的比值，该比值越小，说明系统在受到相同负载位置作用时输出力变化量越小，因此其动态刚度越趋近于零，特别是当力控制系统动态刚度为零时，说明无论负载位置如何变化，系统输出力完全不受影响，此时力控制系统具备最优的抗干扰性能。

2.3.1　阻抗控制基本原理

阻抗控制实际上是一种主动二阶动态柔顺控制，其目的就是使系统具有包含期望刚度 K_D 、期望阻尼 C_D 和期望质量 m_D 的期望阻抗特性 Z_D ，从而具备如图2.7 所示的二阶质量弹簧阻尼系统特性。

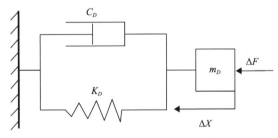

图 2.7　二阶质量弹簧阻尼系统

在图 2.7 中，二阶质量弹簧阻尼系统受到的作用力可以表示为

$$f = m_D \ddot{x} + C_D \dot{x} + K_D x \tag{2.83}$$

对其进行拉普拉斯变换可得

$$\Delta X = \frac{\Delta F}{m_D s^2 + C_D s + K_D} = \frac{\Delta F}{Z_D} \qquad (2.84)$$

或

$$\Delta F = \Delta X \cdot Z_D \qquad (2.85)$$

从式(2.84)和式(2.85)均可以看出，该系统由期望的阻抗特性构成。式(2.84)和式(2.85)看似完全一样，但具有完全不同的含义并且适用于不同的系统。式(2.84)适用于基于位置的阻抗控制，式(2.85)适用于基于力的阻抗控制。

下面详细分析基于位置和基于力的阻抗控制的原理与实现方法，以及两者的相同之处、不同之处及其适用性。

2.3.2　液压驱动单元基于位置的阻抗控制实现方法

当腿部液压驱动系统采用基于位置的阻抗控制时，其基本实现原理是把位置闭环控制作为控制内环，再加入阻抗控制外环。当负载力作用到系统时，通过阻抗控制外环使负载力信号转换为控制内环的位置输入信号，从而使系统具备期望的动态柔顺性。基于位置的阻抗控制的核心控制方式为位置闭环控制，因此建立液压驱动单元位置控制系统的精确数学模型非常重要。在 2.3.1 节中已经对本书所研究的液压驱动单元位置控制进行了机理建模，然而，由于位移传感器与力传感器都安装在液压驱动单元处，所以当负载端给液压驱动单元施加负载力时，其整体受力原理图如图 2.8 所示。

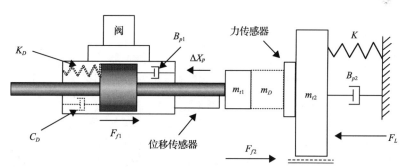

图 2.8　负载端给液压驱动单元施加负载力时整体受力原理图

在图 2.8 中，可以把受力分为三部分：第一部分是负载端受力；第二部分是力传感器受力；第三部分是液压驱动单元受力。

第一部分，负载端受力原理图如图 2.9 所示。

在图 2.9 中，负载端的力 ΔF_{sb} 的平衡方程可表示为

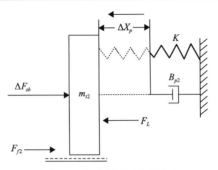

图 2.9　负载端受力原理图

$$\Delta F_{sb} = F_L - m_{t2}\Delta \ddot{X}_p - B_{p2}\Delta \dot{X}_p - K\Delta X_p - F_{f2} \tag{2.86}$$

负载特性所具有的动态刚度 Z_E 可表示为

$$Z_E = m_{t2}s^2 + B_{p2}s + K \tag{2.87}$$

将式(2.87)代入式(2.86)，可得

$$\Delta F_{sb} = F_L - \Delta X_p Z_E - F_{f2} \tag{2.88}$$

可以看出，如果动态刚度 Z_E 趋近于零，那么当不考虑摩擦力的影响时，有 $\Delta F_{sb} \rightarrow F_L$。

第二部分，力传感器受力原理图如图 2.10 所示。

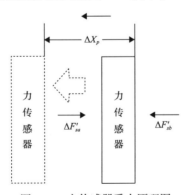

图 2.10　力传感器受力原理图

在图 2.10 中，定义 $\Delta F'_{sa}$ 与 ΔF_{sa}、$\Delta F'_{sb}$ 与 ΔF_{sb} 分别为作用力与反作用力的关系；$\Delta F'_{sa}$ 和 $\Delta F'_{sb}$ 为力传感器两侧受到的大小相等、方向相反的力，其中力传感器对活塞杆的作用力(为液压驱动单元位置控制系统受到的负载力)定义为 ΔF_{sa}，力传感器对负载的作用力定义为 ΔF_{sb}。力传感器受力统一用 ΔF_s 表示，大小与上述四个变量数值相等，方向定义为压力为正，拉力为负。

第三部分，液压驱动单元受力原理图如图 2.11 所示。

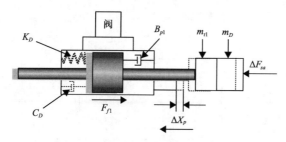

图 2.11　液压驱动单元受力原理图

如图 2.9～图 2.11 所示，当系统受到负载力 ΔF_{sa} 时，应产生位置变化量 ΔX_p 来平衡该负载力，该位置变化量可以用式(2.89)表示：

$$\Delta X_p = \frac{\Delta F_{sa} - F_{f1}}{Z_D + m_{t1}s^2 + B_{p1}s} \tag{2.89}$$

考虑腿部液压驱动系统中位移传感器与力传感器的安装特点，并结合采用基于位置的阻抗控制方法的液压驱动单元受力分析，可对液压驱动单元位置控制系统方框图进行变换。由图 2.11 可以看出，液压驱动单元所受到的外干扰为力传感器所施加，将式(2.86)代入式(2.78)，则伺服缸力平衡方程可变换为

$$A_{p1}p_1 - A_{p2}p_2 = m_{t1}\frac{\mathrm{d}\Delta x_p^2}{\mathrm{d}^2 t} + B_{p1}\frac{\mathrm{d}\Delta x_p}{\mathrm{d}t} + F_{f1} + \Delta F_s \tag{2.90}$$

结合式(2.89)所得结果，经过变换的液压驱动单元基于位置的阻抗控制方框图如图 2.12 所示。

结合 2.1 节对腿部液压驱动系统的运动学、静力学和逆动力学的研究以及 2.3.2 节对液压驱动单元采用基于位置的阻抗控制时的数学模型，腿部液压驱动系统基于位置的阻抗控制的实现原理可以表示为图 2.13。

由图 2.13 可以看出，当腿部液压驱动系统采用基于位置的阻抗控制时，如果腿部足端不受干扰力(该干扰力不含惯性力)，阻抗控制外环产生的阻抗期望位置与腿部足端输入位置相等，腿部足端轨迹规划的控制精度主要由位置控制内环的比例积分微分(proportional plus integral plus derivative, PID)控制器所决定，所以此时无论阻抗控制外环阻抗特性参数如何设置，腿部足端实现的位置控制精度几乎不受影响。

如果腿部足端受到干扰力，阻抗控制外环就参与控制过程，而腿部液压驱动系统在实现基于位置的阻抗控制时，按以下四步进行：

(1)在阻抗控制外环中求出力传感器信号中的足端干扰力信号。当腿部足端受到干扰力时，膝关节和踝关节液压驱动单元力传感器检测出力信号，该力信号由

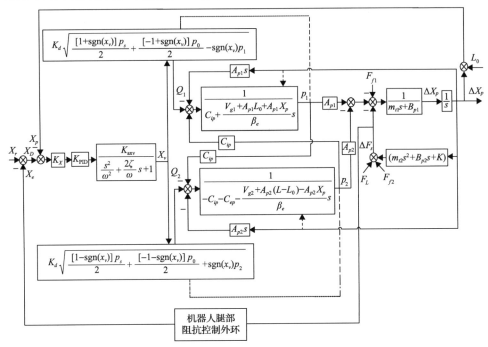

图 2.12　经过变换的液压驱动单元基于位置的阻抗控制方框图

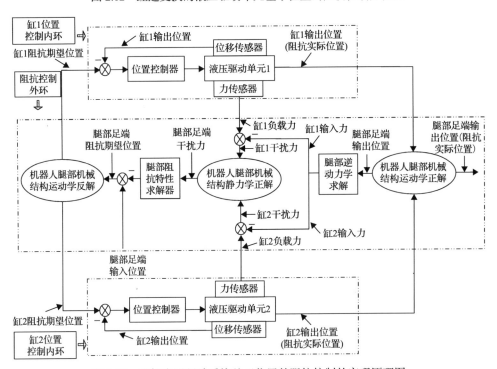

图 2.13　腿部液压驱动系统基于位置的阻抗控制的实现原理图

两部分构成：第一部分为各液压驱动单元力传感器检测到的干扰力作用在腿部足端力信号分量；第二部分为传感器检测到的腿部机械结构重力与惯性力信号分量。第二部分力信号不是由腿部足端受到的干扰力所产生的，如果直接使用力传感器检测力作为阻抗控制干扰力信号，将会对腿部足端运动控制的精度产生影响，因此需要结合腿部逆动力学计算出第二部分力信号，以求解出力传感器所受第一部分力作为基于位置的阻抗控制干扰力。

(2) 在阻抗控制外环中把干扰力信号转换为位置控制内环输入信号变化量。在通过第 (1) 步计算出膝关节和踝关节液压驱动单元所受到的干扰力后，可以通过静力学正解求出腿部足端受到的干扰力信号。然后，通过腿部阻抗特性求解器求解出干扰力信号对应的位置变化量，之后通过运动学位置反解求出各液压驱动单元位置控制内环输入信号的变化量。

(3) 在位置控制内环中实现输入输出控制。当位置控制内环给定输入信号时，转换为控制元件 (伺服阀) 控制信号，再转换为执行元件 (伺服缸) 输出位置信号。

(4) 计算当系统采用基于位置的阻抗控制时，腿部足端阻抗期望位置 $\Delta X_{Dp}^{\text{leg}}$ 与腿部足端阻抗实际位置 $\Delta X_{Ap}^{\text{leg}}$，以直观地评价阻抗控制效果。

基于位置的阻抗期望位置 $\Delta X_{Dp}^{\text{leg}}$ 可以表示为

$$\Delta X_{Dp}^{\text{leg}} = \Delta X_r^{\text{leg}} + \frac{\Delta F_s^{\text{leg}} - \Delta F_k^{\text{leg}}}{Z_D} \tag{2.91}$$

式中，ΔF_k^{leg} 为经过腿部逆动力学计算出的除干扰力以外的合力，可根据 2.2 节中腿部逆动力学求解得出；ΔF_s^{leg} 为腿部实际受力；ΔX_r^{leg} 为腿部输入位置。

基于位置的阻抗实际位置 $\Delta X_{Ap}^{\text{leg}}$ 可以表示为

$$\Delta X_{Ap}^{\text{leg}} = \Delta X_p^{\text{leg}} \tag{2.92}$$

式中，ΔX_p^{leg} 为腿部足端实际运动位置。

2.3.3　液压驱动单元基于力的阻抗控制实现方法

当腿部液压驱动系统采用基于力的阻抗控制时，基本实现原理是把力闭环作为控制内环，再加入阻抗控制外环。与基于位置的阻抗控制以力变化量作为干扰信号的不同之处是，基于力的阻抗控制以位置变化量作为外干扰信号，当负载位置作用到系统时，通过阻抗控制外环使位置信号转换为力信号，对力控制内环输入信号进行改变，从而使系统具备期望的动态柔顺性。

同基于位置的阻抗控制的模型分析一样，可以把液压驱动单元采用基于力的阻抗控制的整体受力分为三部分。

第一部分，负载端施加外负载位置 X_L，其受力原理图如图 2.14 所示。

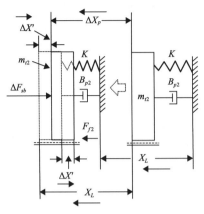

图 2.14 负载端受力原理图

在图 2.14 中，液压驱动单元力控制系统所受负载位置 ΔX_p 可以表示如下：

$$\Delta X_p = X_L - \Delta X' = X_L - \frac{\Delta F_{sb} - F_{f2}}{m_{t2}s^2 + B_{p2}s + K} = X_L - \frac{\Delta F_{sb} - F_{f2}}{Z_E} \tag{2.93}$$

式中，$\Delta X'$ 为负载端产生的位置变化量。可以看出，如果动态刚度 Z_E 趋于无穷大，那么有 $\Delta X_p \rightarrow X_L$。与式 (2.88) 对比可以看出，当系统采用位置或力闭环控制时，负载特性的理想动态刚度分别为零或无穷大。

第二部分，力传感器受到负载位置作用，其受力原理与图 2.10 一致。

第三部分，液压驱动单元受到负载位置作用，其受力原理如图 2.15 所示。

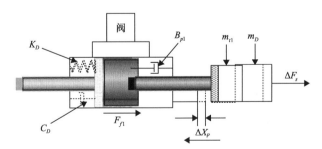

图 2.15 液压驱动单元受负载位置的受力原理图

如图 2.14 和图 2.15 所示，当系统受到负载位置 ΔX_p 作用时，应产生力变化量 ΔF_{sa} 来平衡该负载位置，该力变化量 ΔF_{sa} 可以用式 (2.94) 表示：

$$\Delta F_{sa} = (Z_D + m_{t1}s^2 + B_{p1}s)\Delta X_p + F_{f1} \tag{2.94}$$

考虑腿部液压驱动系统中位移传感器与力传感器的安装特点，并结合采用基于力的阻抗控制方法时的液压驱动单元受力分析,可对液压驱动单元力控制系统方框图进行变换。由图 2.15 可以看出,液压驱动单元所受到的负载位置与位移传感器所测量的值一样,根据式(2.93)可知

$$X_L - \Delta X_p = \Delta X' = \frac{\Delta F_{sb} - F_{f2}}{m_{t2}s^2 + B_{p2}s + K} \tag{2.95}$$

$$\Delta F_{sb} = (X_L - \Delta X_p)(m_{t2}s^2 + B_{p2}s + K) + F_{f2} \tag{2.96}$$

结合式(2.96)和式(2.81),伺服缸力平衡方程可变换为

$$A_{p1}p_1 - A_{p2}p_2 = m_{t1}\frac{\mathrm{d}\Delta x_p^2}{\mathrm{d}^2 t} + B_{p1}\frac{\mathrm{d}\Delta x_p}{\mathrm{d}t} + F_{f1} + \Delta F_s \tag{2.97}$$

结合上述理论分析,经过变换的液压驱动单元基于力的阻抗控制方框图如图 2.16 所示。

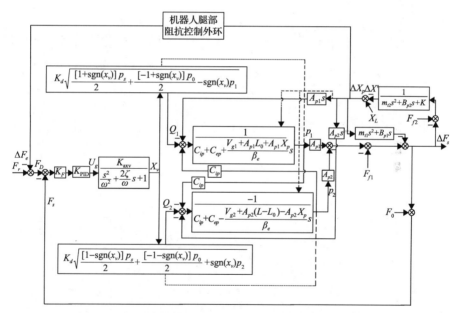

图 2.16　经过变换的液压驱动单元基于力的阻抗控制方框图

与 2.3.2 节相同,当结合腿部液压驱动系统的运动学研究、腿部液压驱动系统的逆动力学研究以及液压驱动单元采用基于力的阻抗控制的数学模型变换后,腿部液压驱动系统基于力的阻抗控制的实现原理图如图 2.17 所示。

由图 2.17 可以看出,当腿部液压驱动系统采用基于力的阻抗控制,腿部足端不受外负载位置时,腿部足端轨迹规划需要在阻抗控制外环中实现,此时阻抗特性可以视为外环比例微分(proportional plus derivative, PD)控制器(刚度系数为比

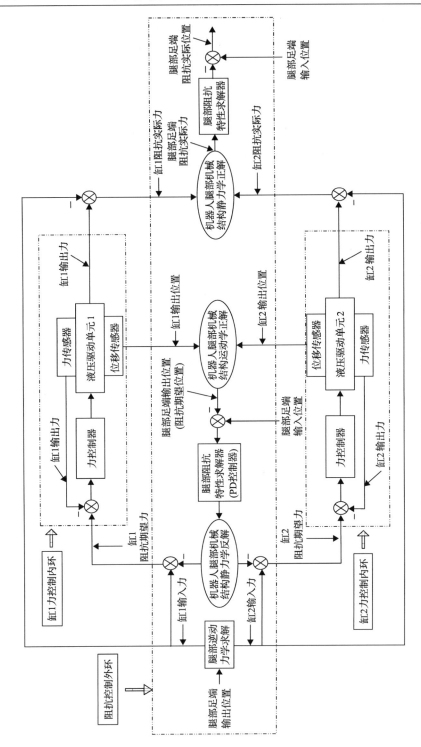

图 2.17 腿部液压驱动系统基于力的阻抗控制的实现原理图

例增益,阻尼系数为微分增益),所以此时腿部足端实现的位置控制精度与阻抗特性参数如何设置有直接的关系。但是,较大的刚度系数会导致机器人腿部足端与环境接触时,即使变化很小的位置也会产生很大的期望力,从而降低了整体的动态柔顺性;而较小的刚度系数虽然具备良好的动态柔顺性,但是 PD 控制器的比例增益较小,造成腿部足端位置跟随产生较大的误差;较大的阻尼系数可以增大位置控制的稳定性,但由此带来了系统响应变慢的问题。所以,当系统采用基于力的阻抗控制时,为保证足端位置跟随性能,需设定适宜的阻抗特性参数,而与内环力控制系统 PID 控制器参数关系不大,这一点与系统采用基于位置的阻抗控制时有很大的不同。

当腿部足端受到外负载位置时,腿部液压驱动系统在实现基于力的阻抗控制时,同样按以下四步进行:

(1)在阻抗控制外环中把负载位置信号转换为腿部足端阻抗期望力信号。当腿部足端受到外负载位置时,膝关节和踝关节液压驱动单元的位移传感器检测到位置,通过运动学位置正解可以求出腿部足端的位置信号,之后用输入位置信号与上述位置信号做差求出阻抗外环期望位置。然后,通过腿部阻抗特性求解器求解出腿部足端阻抗期望位置对应的阻抗期望力信号。

(2)在阻抗控制外环中把腿部足端阻抗期望力信号转换为力控制内环输入信号变化量;将腿部足端阻抗期望力信号通过静力学反解求解出力控制内环输入信号变化量。

(3)在力控制内环中实现输入输出控制。在力控制内环给定输入信号后,转换到控制元件(伺服阀)控制信号,再转换到执行元件(伺服缸)输出力信号。但此时,与系统采用基于位置的阻抗控制时一样,膝关节和踝关节液压驱动单元力传感器检测出的力信号由两部分构成。结合腿部逆动力学,求解出第二部分力信号,计算力传感器所受第一部分力作为基于力的阻抗控制中力控制内环输出力信号。

(4)计算当系统采用基于力的阻抗控制时,腿部足端阻抗期望位置 $\Delta X_{Df}^{\text{leg}}$ 与腿部足端阻抗实际位置 $\Delta X_{Af}^{\text{leg}}$,以直观地评价阻抗控制效果。

基于力的阻抗期望位置 $\Delta X_{Df}^{\text{leg}}$ 可以表示为

$$\Delta X_{Df}^{\text{leg}} = \Delta X_p^{\text{leg}} \tag{2.98}$$

基于力的阻抗实际位置 $\Delta X_{Af}^{\text{leg}}$ 可以表示为

$$\Delta X_{Af}^{\text{leg}} = \Delta X_r^{\text{leg}} - \frac{\Delta F_s^{\text{leg}} - \Delta F_k^{\text{leg}}}{Z_D} \tag{2.99}$$

式中, ΔF_s^{leg} 为腿部足端实际受力。

2.4 腿部液压驱动系统阻抗控制仿真建模

2.4.1 基于位置的阻抗控制仿真建模

结合 2.2 节中对液压驱动单元位置控制系统的数学建模与变换过程，采用 MATLAB/Simulink 对数学公式进行模块化搭建，腿部液压驱动系统基于位置的阻抗控制仿真模型如图 2.18 所示，主要包含腿部机械结构运动学仿真模型、阻抗控制外环仿真模型和液压驱动单元位置控制内环仿真模型。

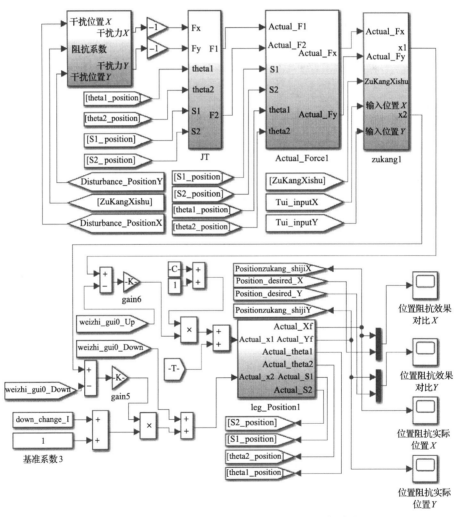

图 2.18 腿部液压驱动系统基于位置的阻抗控制仿真模型

本节对图 2.18 中各主要模块分别进行了标号，具体如下。

1. 模块 1：阻抗控制仿真模型

足端 X/Y 轴方向干扰位置与干扰力的仿真模型如图 2.19 所示。

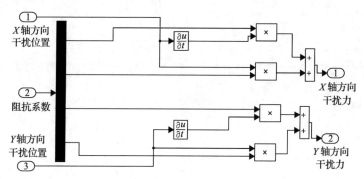

图 2.19　足端 X/Y 轴方向干扰位置与干扰力的仿真模型

2. 模块 2：静力学反解仿真模型

足端 X/Y 轴方向阻抗干扰力、膝/踝关节液压驱动单元受力的反解仿真模型如图 2.20 所示。

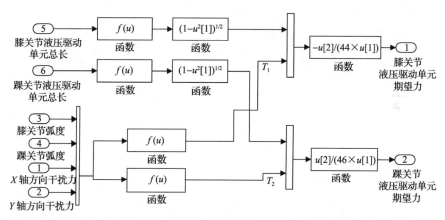

图 2.20　足端 X/Y 轴方向阻抗干扰力、膝/踝关节液压驱动单元受力的反解仿真模型

3. 模块 3：静力学正解仿真模型

膝/踝关节液压驱动单元受力、足端 X/Y 轴方向干扰力的正解仿真模型如图 2.21 所示。

4. 模块 4：阻抗控制仿真模型

足端 X/Y 轴方向干扰力、膝/踝关节液压驱动单元阻抗期望位置的仿真模型如图 2.22 所示。注意,仿真模型中的反三角函数保留了 MATLAB/Simlink 中的样式。

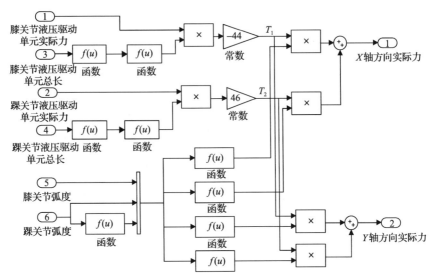

图 2.21　膝/踝关节液压驱动单元受力、足端 X/Y 轴方向干扰力的正解仿真模型

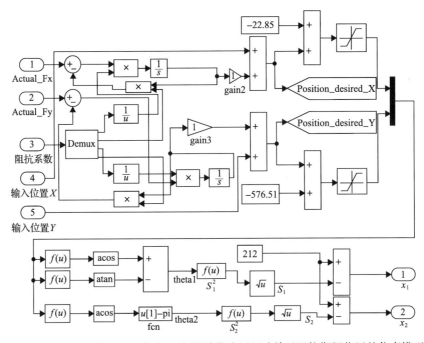

图 2.22　足端 X/Y 轴方向干扰力、膝/踝关节液压驱动单元阻抗期望位置的仿真模型

5. 模块 5：液压驱动单元位置控制内环仿真建模

膝/踝关节液压驱动单元阻抗期望位置、输出位置仿真模型如图 2.23 所示。

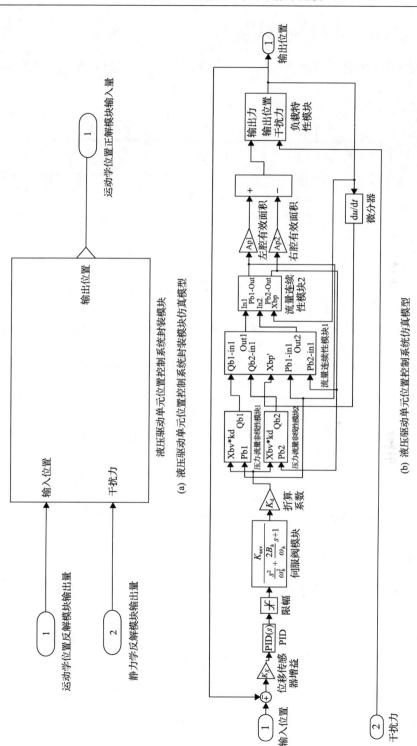

(a) 液压驱动单元位置控制系统封装模块仿真模型

液压驱动单元位置控制系统封装模块

(b) 液压驱动单元位置控制系统仿真模型

图 2.23　膝/踝关节液压驱动单元阻抗期望位置、输出位置仿真模型

6. 模块 6：运动学位置正解仿真模型

膝/踝关节液压驱动单元输出位置、足端 X/Y 轴方向实际位置的仿真模型如图 2.24 所示。

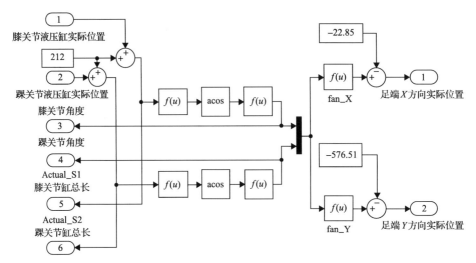

图 2.24　膝/踝关节液压驱动单元输出位置、足端 X/Y 轴方向实际位置的仿真模型

2.4.2　基于力的阻抗控制仿真建模

腿部液压驱动系统基于力的阻抗控制的整体仿真模型如图 2.25 所示。
本节对图 2.25 中各主要模块分别进行了标号，具体如下。

1. 模块 1 和 5：运动学位置反解仿真模型

足端 X/Y 轴方向位移、膝/踝关节液压驱动单元位移的反解仿真模型如图 2.26 所示。

2. 模块 2：运动学位置正解仿真模型

膝/踝关节液压驱动单元位移、足端 X/Y 轴方向位移的正解仿真模型如图 2.27 所示。

3. 模块 3：阻抗控制仿真模型

足端 X/Y 轴方向干扰位置与阻抗期望力的仿真模型如图 2.28 所示。

4. 模块 4：静力学反解仿真模型

足端 X/Y 轴方向阻抗期望力、膝/踝关节液压驱动单元出力的反解仿真模型如图 2.29 所示。

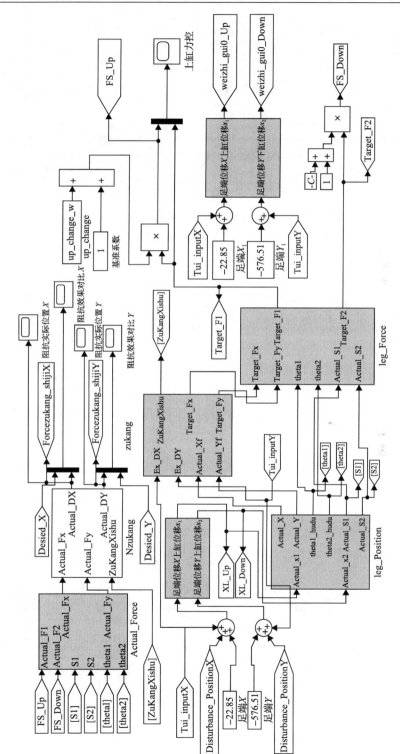

图 2.25　腿部液压驱动系统基于力的阻抗控制的整体仿真模型

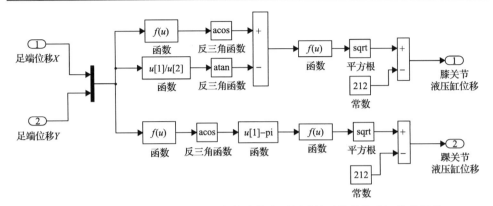

图 2.26　足端 *X/Y* 轴方向位移、膝/踝关节液压驱动单元位移的反解仿真模型

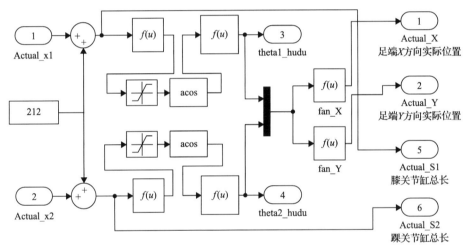

图 2.27　膝/踝关节液压驱动单元位移、足端 *X/Y* 轴方向位移的正解仿真模型

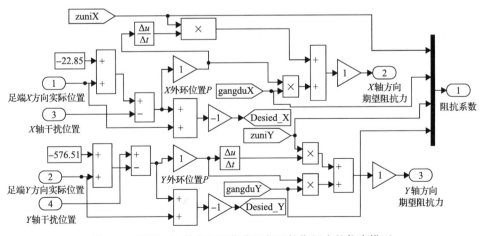

图 2.28　足端 *X/Y* 轴方向干扰位置与阻抗期望力的仿真模型

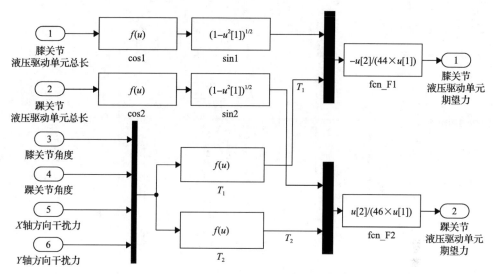

图 2.29　足端 *X/Y* 轴方向阻抗期望力、膝/踝关节液压驱动单元出力的反解仿真模型

5. 模块 6：液压驱动单元力控制内环仿真模型

建立的膝/踝关节液压驱动单元力控制系统整体仿真模型如图 2.30 所示。

6. 模块 7：静力学正解仿真模型

膝/踝关节液压驱动单元出力、足端 *X/Y* 轴方向阻抗期望力的正解仿真模型如图 2.31 所示。

7. 模块 8：阻抗控制仿真模型

足端 *X/Y* 轴方向实际阻抗力、足端 *X/Y* 轴方向阻抗期望位置的仿真模型如图 2.32 所示。

2.4.3　其他模块

腿部液压驱动系统基于位置及力的阻抗控制仿真模型其他部分如图 2.33 所示，包括参数设置区域、仿真结果观察区域、控制开关区域。液压驱动单元位置/力控制系统仿真模型基本参数及初始值如表 2.2 所示。

上述仿真模型中伺服阀的固有参数依据伺服阀产品样本的时域特性和频域特性曲线拟合求得。伺服缸活塞有效面积、有效行程等结构参数以液压驱动单元出厂数据为准。供油压力、回油压力、传感器增益等工作参数以实验测试为准，其他变量选取工程经验值。

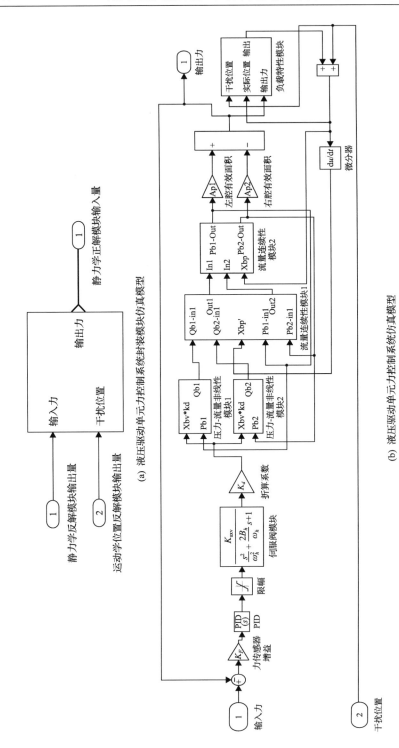

(a) 液压驱动单元力控制系统封装模块仿真模型

(b) 液压驱动单元力控制系统整体仿真模型

图 2.30 膝踝关节液压驱动单元力控制系统仿真模型

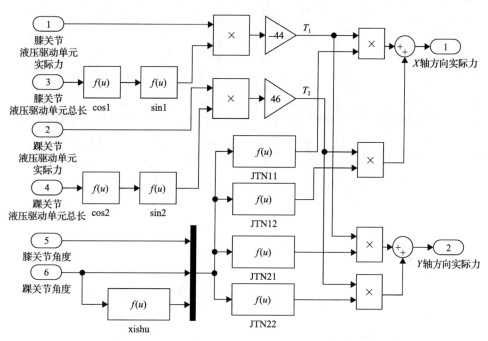

图 2.31　膝/踝关节液压驱动单元出力、足端 X/Y 轴方向阻抗期望力的正解仿真模型

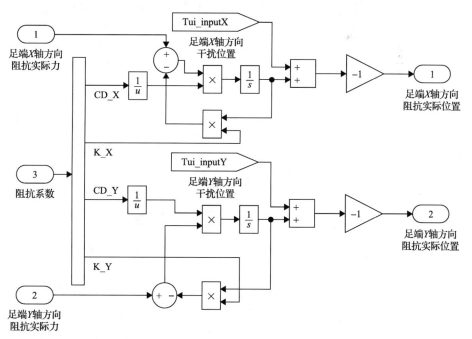

图 2.32　足端 X/Y 轴方向实际阻抗力、足端 X/Y 轴方向阻抗期望位置的仿真模型

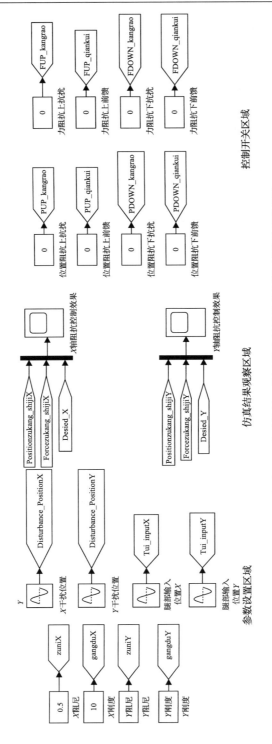

图 2.33　腿部液压驱动系统基于位置及力的阻抗控制仿真模型其他部分

表 2.2　液压驱动单元位置/力控制系统仿真模型基本参数及初始值

基本参数/输入	初始值	单位
伺服阀增益 K_{axv}	4.5×10^{-4}	m/V
伺服缸活塞进油腔有效面积 A_{p1}	5.97×10^{4}	m^2
伺服缸活塞回油腔有效面积 A_{p2}	3.97×10^{4}	m^2
伺服阀与伺服缸左腔连接流道容积 V_{g1}	6.2×10^{-7}	m^3
伺服阀与伺服缸右腔连接流道容积 V_{g2}	8.6×10^{-7}	m^3
伺服缸活塞总行程 L	0.07	m
系统供油压力 P_s	10×10^{6}	Pa
10#航空液压油密度 ρ	8.67×10^{2}	kg/m^3
伺服缸内泄漏系数 C_{ip}	2.38×10^{-13}	$m^3 / (s \cdot Pa)$
有效体积模量 β_e	8×10^{8}	Pa
黏性阻尼系数 B_{p1}	2000	$N/(m/s)$
折算流量系数 K_d	1.248×10^{-4}	m^2/s
位移传感器增益 K_X	182	V/m
力传感器增益 K_F	7.8426×10^{-4}	V/N
位置控制比例增益 K_{p1}	10	——
位置控制积分增益 K_{i1}	3	——
力控制比例增益 K_{p2}	0.3	——
力控制积分增益 K_{i2}	0.1	——

2.5　实　验　研　究

2.5.1　相关实验测试平台简介

1. 液压驱动系统简介

本书的理论需要用不同工况下腿部液压驱动系统阻抗控制性能及腿部液压驱动系统中各关节液压驱动单元的控制性能来验证。依托河北省重型机械流体动力传输及控制实验室中腿部液压驱动系统性能测试实验平台、液压驱动单元性能测试实验平台和腿部足端负载模拟实验平台等三个实验平台进行本章以及后续章节的实验测试。

　　1) 腿部液压驱动系统性能测试实验平台

　　腿部液压驱动系统的各关节液压驱动单元采用独立控制、统一供油。由于机器人单腿不具备独立行走的能力，采用外置大泵站、轴向柱塞泵为液压驱动系统供油，该实验平台应用于本书第 2～4 章的实验研究。腿部液压驱动系统原理图如图 2.34 所示。

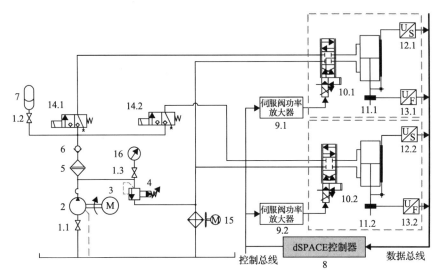

图 2.34　腿部液压驱动系统原理图

1. 截止阀　2. 定量泵　3. 步进电机　4. 溢流阀 5. 高压过滤器　6. 单向阀　7. 蓄能器
8. dSPACE 控制器 9. 伺服阀功率放大器　10. 电液伺服阀　11. 伺服缸　12. 位移传感器
13. 力传感器　14. 电磁换向阀　15. 风冷却器

　　图 2.34 中，溢流阀 4 用于调定系统供油压力，并通过压力表读取数值；由于伺服阀对油液清洁度要求很高，在泵口安装高压过滤器 5；两位三通电磁换向阀 14 用于控制两套子系统的通断；蓄能器 7 起到稳定伺服阀前供油压力的作用；通过计算系统发热功率，在系统回油路安装风冷却器 15 进行油液冷却；电液伺服阀 10.1 安装在膝关节液压驱动单元，电液伺服阀 10.2 安装在踝关节液压驱动单元；每个液压驱动单元均安装位移传感器 12、力传感器 13 以实现液压驱动单元的位置/力闭环控制。腿部液压驱动系统相关实物照片如图 2.35 所示。

　　2) 液压驱动单元性能测试实验平台

　　每个腿部液压驱动系统中有两个液压驱动单元，其性能测试实验平台采用了航空航天、船舶和工程机械等诸多领域广泛应用的电液负载模拟器原理，由两套相同的液压驱动单元对顶安装，该实验平台应用于本书第 4～6 章的实验研究，其控制原理图如图 2.36 所示。

(a) 实验场地照片　　　　　　　(b) 腿部液压驱动系统实物图

图 2.35　腿部液压驱动系统相关实物照片

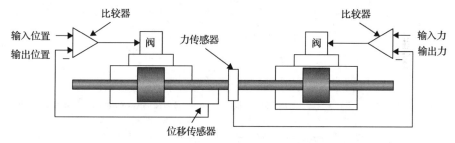

图 2.36　液压驱动单元性能测试实验平台控制原理图

图 2.36 中左侧液压驱动单元内环控制方式为位置闭环控制,右侧液压驱动单元内环控制方式为力闭环控制,位置控制系统与力控制系统之间通过力传感器刚性连接。在进行液压驱动单元基于位置的阻抗控制实验时,左侧液压驱动单元在位置闭环控制的基础上加入阻抗控制外环,称为位置阻抗待测系统;右侧液压驱动单元做力闭环控制,用于模拟力干扰,称为力干扰模拟系统。在进行液压驱动单元基于力的阻抗控制实验时,右侧液压驱动单元在力闭环控制的基础上加入阻抗控制外环,称为力阻抗待测系统;左侧液压驱动单元做位置闭环控制,用于模拟干扰位置,称为干扰位置模拟系统。该实验平台的液压原理图如图 2.37 所示。

在图 2.37 中,截止阀一共有 3 个,主要用于实验测试平台控制油路的通断,在系统中处于常开状态;在供电后,步进电机 3 带动定量泵 2 给实验测试平台提供油源;系统供油压力由溢流阀 4 通过压力表读取压力数值来调定;高压过滤器 5 安装在泵口用以清洁油源;蓄能器 7 主要用于稳定伺服阀前供油压力;风冷却器 15 安装在回油路中,用于冷却油液;两位三通电磁换向阀 14 共有 2 个,分别用于左侧液压驱动单元和右侧液压驱动单元控制油路的通断;通过电液伺服阀 10.1 和位移传感器 12 完成位置闭环控制;通过电液伺服阀 10.2 和力传感器 13 完成力闭环控制。该实验平台实物如图 2.38 所示。

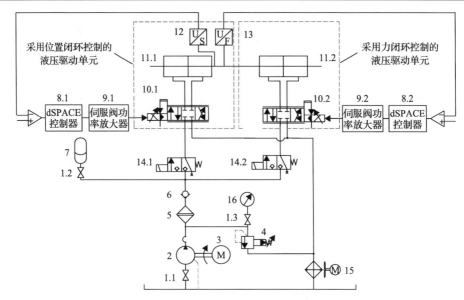

图 2.37　液压驱动单元性能测试实验平台液压原理图

1. 截止阀　2. 定量泵　3. 步进电机　4. 溢流阀　5. 高压过滤器　6. 单向阀　7. 蓄能器
8. dSPACE 控制器　9. 伺服阀功率放大器　10. 电液伺服阀　11. 伺服缸
12. 位移传感器　13. 力传感器　14. 电磁换向阀　15. 风冷却器

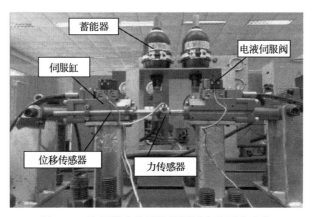

图 2.38　液压驱动单元性能测试实验平台实物

3) 腿部足端负载模拟实验平台

　　足式机器人单腿结构有不同型号，采用的控制方法也不尽相同，为了研究单腿不同结构、控制对其性能的影响，评价其性能优良，需要在实验室中进行各种实验：足式机器人单腿安装在足式机器人整机上进行实地测试，但耗费大量资源，对于最终控制效果的影响因素很多，不能得到可靠的结论，可行性较差；用单腿踩雪地、沙地、冰面等不同环境结构的地面，但在实验室中实现这些地面环境费时费力。为了能较为真实地模拟出室外不同路面环境对机器人单腿控制的影响，搭建了可模拟不同路面环境的负载模拟实验平台，从而满足在实验室条件下进行的机器人单腿控制方法研究。该性能测试实验平台系统由两套完全相同的伺服阀、液压缸、位移传感器和力传感器构成，该实验平台应用于本书第 2、3 章的实验研究，其液压原理图如图 2.39 所示。

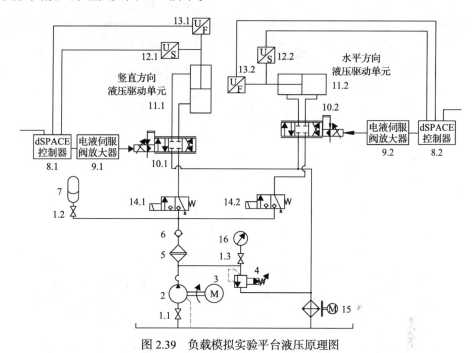

图 2.39　负载模拟实验平台液压原理图

1. 截止阀　2. 定量泵　3. 步进电机　4. 先导溢流阀　5. 高压过滤器　6. 单向阀　7. 蓄能器　8. dSPACE 控制器
9. 电液伺服阀放大器　10. 电液伺服阀　11. 液压驱动单元　12. 位移传感器　13. 力传感器　14.电磁换向阀

系统供油由步进电机 3 带动定量泵 2 提供，先导溢流阀 4 调定系统压力。高精度的高压过滤器 5 用于满足所选伺服阀对高精度油液的需求。两位三通电磁换向阀 14 用于控制两侧油路的通断，一般处于通电状态。通过位移传感器 12 和力传感器 13 进行闭环控制，通过 dSPACE 控制器 8、电液伺服阀放大器 9 输出信号给电液伺服阀 10 来进行闭环控制。

该负载模拟实验平台主要包括两套高集成阀控非对称缸系统、固连结构、上平台、水平移动平台及固定底板，该平台可以实现对腿部液压驱动系统的主动位置/力加载和被动的负载特性模拟，其三维图如图 2.40 所示。负载模拟实验平台实物相关照片如图 2.41 所示。

在图 2.40 中，固定底板 1 通过膨胀螺栓固定在地面上，水平移动平台 2 与固定底板 1 通过滚珠滑块与导轨实现水平方向的相对运动。上平台 5 与水平移动平台 2 通过直线滚珠导套与光轴实现竖直方向的相对运动。上平台 5 有水平和竖直两个方向的自由度，在不同控制方法下能实现不同形式的加载。固连结构 6 能够实现负载模拟实验平台与足式机器人单腿性能实验平台的连接，可以对足式机器人单腿加载特定工况（如恒定加载力、变加载力等）。在拆除固连结构 6 时，可以对足式机器人单腿进行自由加载。

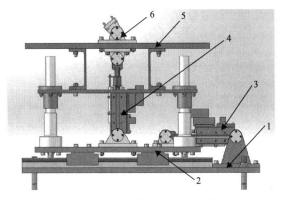

图 2.40　负载模拟实验平台三维图

1. 固定底板　2. 水平移动平台　3. 水平移动阀控非对称缸系统　4. 竖直移动阀控非对称缸系统
5. 上平台　6. 固连结构

(a) 负载模拟实验平台实物图　　　　　　　(b) 负载模拟实验平台
连接腿部液压驱动系统

图 2.41　负载模拟实验平台实物相关照片

2. 电控部分介绍

控制器使用德国帕德博恩（Paderborn）公司开发的半实物仿真测试平台 dSPACE，该平台有扩充性好、实时性强、I/O（input/output，输入/输出）接口丰富、可靠性高等优点，并可与广泛应用的 MATLAB/Simulink 仿真平台实现"无缝对接"。该控制器的实物照片如图 2.42 所示。

图 2.42　dSPACE 控制器实物照片

2.5.2　实验方案

正弦扰动是一种典型的输入扰动信号形式，其优点在于：对于被测系统，它能够通过幅值衰减和相角滞后两个性能指标评价被测系统的动态性能。另外，正弦扰动的速率呈余弦曲线且发生连续变化，既包括了速度最大的点和速度为零的点，又包括了两者之间的所有速度点，而且正弦信号为标准周期函数。因此，用正弦扰动进行本章实验测试，不但可以在曲线中看出各个速度点对应的阻抗控制性能，而且能方便周期性地寻找规律、找出问题，这对后续章节有针对性地进行机理分析与补偿控制优化提供了实验基础。

为研究在不同工况下腿部液压驱动系统基于位置/力的阻抗控制效果，本章选定 4 个工况影响因素，分别为系统供油压力 P_s、足端 Y 轴阻抗特性参数 Z_D^Y（包括刚度系数和阻尼系数）、正弦激励频率 f 及正弦激励幅值 A。其中，当系统采用基于位置的阻抗控制时，正弦干扰力幅值为 A_1；当系统采用基于力的阻抗控制时，正弦干扰位置幅值为 A_2。并且选定这 4 个工况影响因素各有 3 个水平变化，其中 P_s 选定为 6MPa、12MPa 和 18MPa；Z_D^Y 选定刚度系数分别为 15N/mm、10N/mm 和 5N/mm，且阻尼系数都为 $0.5\mathrm{N\cdot s/mm}$；f 选定为 0.5Hz、1Hz 和 2Hz；A_1 选定为 -5Z_D^Y、-10Z_D^Y 和 -20Z_D^Y，A_2 选定为 5、10 和 20。进行 4 因素 3 水平实验研究共有 $3^4=81$ 种工况，如果进行所有工况下的实验研究，工作量很大。

正交实验设计是一种可以利用少量次数实验来对全面的实验研究结果进行评价的方法，尤其可以解决影响因素较多且水平变化较大时实验次数非常多的问题。一次正交实验可以表示为 $L_{on}(l^c)$，其中 L_o 为正交实验代号，n 为实验次数，c 为因素个数，l 为水平个数。本章研究的工况所属正交实验形式 $L_{o9}(3^4)$，即使用 9 次实验就可以全面评价 4 因素 3 水平下的实验结果。本章的 $L_{o9}(3^4)$ 正交实验所选定的 9 种工况条件如表 2.3 所示。

表 2.3　正交实验设计所选定的 9 种工况条件

序号	影响因素				
	P_s/MPa	Z_D^Y/(N/mm)	f/Hz	A_1/N	A_2/mm
1	6	15	0.5	$-5\,Z_D^Y$	5
2	6	10	1	$-10\,Z_D^Y$	10
3	6	5	2	$-20\,Z_D^Y$	20
4	12	15	1	$-20\,Z_D^Y$	20
5	12	10	2	$-5\,Z_D^Y$	5
6	12	5	0.5	$-10\,Z_D^Y$	10
7	18	15	2	$-10\,Z_D^Y$	10
8	18	10	0.5	$-20\,Z_D^Y$	20
9	18	5	1	$-5\,Z_D^Y$	5

在通过实验得到表 2.3 中 9 种选定工况的实验结果后，还需要建立正交实验极差分析表来评价所有工况下的结果。在正交实验极差分析表中，某一因素的某一水平影响实验均值可表示为

$$k_\beta = \sum_{\gamma=1}^{l} k_{\beta\gamma} \tag{2.100}$$

式中，k_β 可以表明该水平在该因素实验下所占比例，如果 k_β 较大，就说明该因素中的该水平所占比例较大。

某一因素的极差可以表示为

$$R = \left| \max(k_\beta) - \min(k_\beta) \right| \tag{2.101}$$

式中，R 为极差。该值的大小表示该因素下每一水平的最大变化范围，如果 R 较大，就说明该因素下的不同水平会使实验结果产生较大不同。

2.5.3　基于位置及力的阻抗控制方法仿真与实验研究

在仿真与实验测试中，采用腿部足端系统负载模拟平台对腿部液压驱动系统性能测试平台进行负载位置加载和负载力加载来模拟表 2.3 所示的多种工况。

液压驱动单元位置及力控制系统的前向通道控制器均采用积分分离比例积分（proportional plus integral, PI）控制，并把各关节系统 PI 参数调整为最优，具体调试

方法和参数选取本书不再做重点讨论。但是在实际测试中，由于运动状态不同、安装位置不同、负载多变等，各关节液压驱动单元的前向通道 PI 控制器参数不一致，这也直接造成了各关节的控制性能不一致，对腿部足端整体控制性能产生了影响。

1. 腿部液压驱动系统基于位置的阻抗控制

在表 2.3 所示的 9 种工况下，腿部液压驱动系统基于位置的阻抗控制仿真与实验曲线如图 2.43 所示。

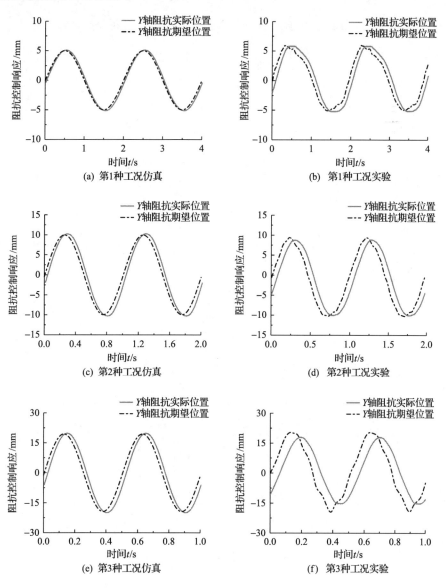

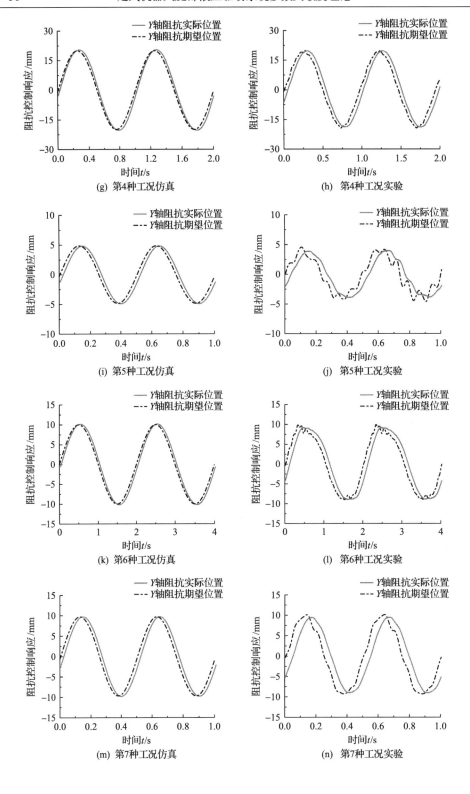

(g) 第4种工况仿真

(h) 第4种工况实验

(i) 第5种工况仿真

(j) 第5种工况实验

(k) 第6种工况仿真

(l) 第6种工况实验

(m) 第7种工况仿真

(n) 第7种工况实验

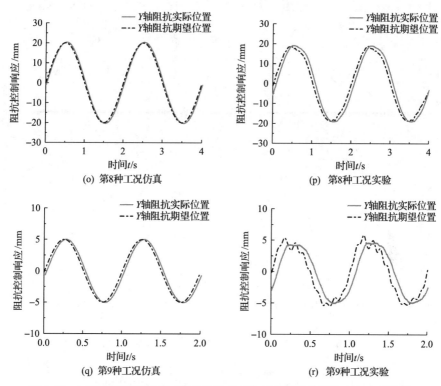

图 2.43　9 种工况下腿部液压驱动系统基于位置的阻抗控制仿真与实验曲线

通过图 2.43 所示的 9 组曲线可以看出,实验与仿真曲线变化规律吻合度较高,说明本书所搭建的仿真模型能够基本表征实际系统的特性。就实验曲线而言,在不同的工况下,腿部液压驱动系统阻抗控制响应各不相同,但基本可以实现预期的阻抗特性,在个别工况下阻抗控制性能较差,主要表现在阻抗期望位置与阻抗实际位置之间具有较大的相角滞后和幅值偏差。从不同工况下的阻抗期望位置与阻抗实际位置的相角来看,后者滞后于前者,且随着负载力频率和幅值的增大,该滞后更加明显;从其幅值来看,随着负载力频率和幅值的增大,会出现由后者大于前者到前者大于后者过渡的情况。

2. 腿部液压驱动系统基于力的阻抗控制

在表 2.3 所示的 9 种工况下,腿部液压驱动系统基于力的阻抗控制仿真与实验曲线如图 2.44 所示。

通过图 2.44 所示的 9 组曲线可以看出,与采用基于位置的阻抗控制一样,在不同的工况下,腿部液压驱动系统基本可以实现预期的阻抗特性,并且不同工况下对应着不同的阻抗控制性能。

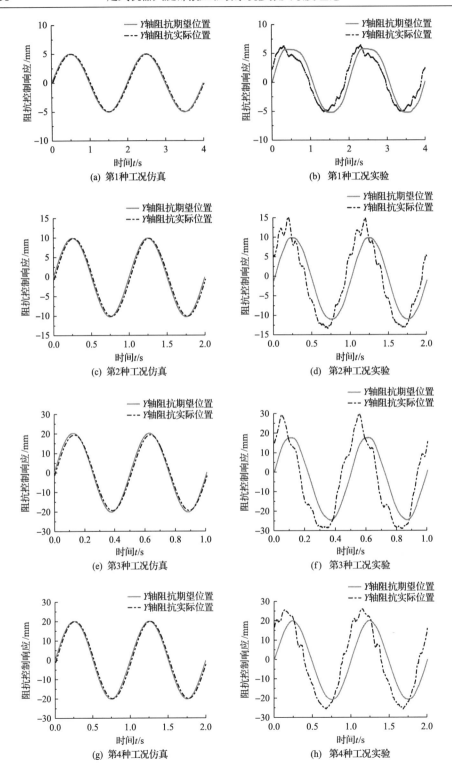

(a) 第1种工况仿真

(b) 第1种工况实验

(c) 第2种工况仿真

(d) 第2种工况实验

(e) 第3种工况仿真

(f) 第3种工况实验

(g) 第4种工况仿真

(h) 第4种工况实验

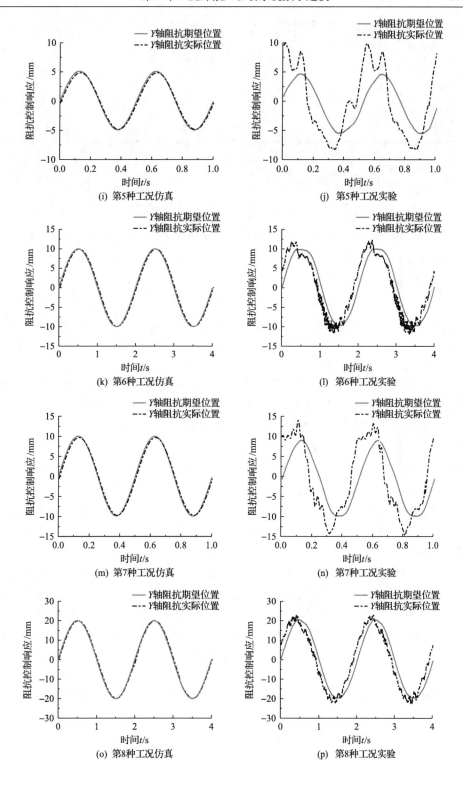

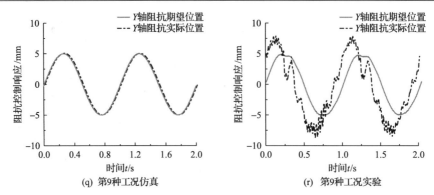

图 2.44　9种工况下腿部液压驱动系统基于力的阻抗控制仿真与实验曲线

与采用基于位置的阻抗控制不同的是，随着负载位置频率的增加，实验曲线与仿真曲线误差较大，实验曲线中表现为阻抗实际位置与阻抗期望位置的偏差大幅增加，造成阻抗控制性能较差。这其中的主要原因是在较大的负载位置频率下，各关节运动具有较大的加速度，造成各关节力传感器会检测到较大的惯性力，根据式(2.98)计算出较大的阻抗实际位置，如果由负载位置产生的各关节阻抗期望力没有远远大于力传感器检测的惯性力，此时阻抗期望位置与阻抗实际位置具有更大的偏差。此外，由于加速度为位移的二阶微分，属于超前环节，在实验曲线中表现为阻抗实际位置超前于阻抗期望位置。在搭建仿真模型时，并未充分考虑惯性力的影响，所以仿真曲线中不存在这个问题。虽然进行了逆动力学计算，补偿了一定的重力和惯性力的影响，但是由于加速度检测需要位移进行二阶微分，而本书所选用的以模拟量电压信号为输出的位移传感器具有较大噪声干扰，在进行加速度计算时不准确，即使对信号进行滤波处理，也会产生加速度计算滞后，最终造成惯性力不能完全补偿，所以提高逆动力学补偿的计算精度也是提高阻抗控制精度的有效办法。在负载位置频率较小或幅值较大时，各关节力传感器所检测的惯性力与阻抗控制产生的期望力相比较小，此时表现为阻抗期望位置幅值大于阻抗实际位置。

在多种工况下对腿部液压驱动系统采用基于位置及力的阻抗控制的仿真与实验研究，总体表现为基于位置的阻抗控制具有更高的阻抗控制精度，而基于力的阻抗控制由于加速度信号(位移的二阶导数)属于超前信号，所以该控制方法在响应速度上具有优势。但是无论何种方法，仅在各关节前向通道采用 PI 控制，其控制精度都不能达到足式机器人高精度柔顺控制的要求。

2.6　本章小结

本章主要进行了腿部液压驱动系统数学建模，包括运动学、静力学和动力学数学建模，并进行了考虑非线性和复杂负载特性的液压驱动单元位置及力控制系统数学建模。通过对液压驱动单元位置及力控制数学模型的变换，并结合逆动力学补偿，得到了基于位置及力的阻抗控制方法在腿部液压驱动系统中的实现方法。介绍了腿部液压驱动系统性能测试实验平台、腿部足端负载模拟实验平台和液压驱动单元性能测试实验平台，并借助前两个实验平台测试了本章设计的 9 种工况下阻抗控制效果。实验结果表明，本章所设计的基于位置及力的阻抗控制方法可以使腿部液压驱动系统基本实现预期的柔顺特性，但是控制精度和响应能力尚需提高。

第3章　液压驱动系统参数灵敏度分析新方法

灵敏度分析是一种可以研究各因素在整个定义域内对系统特性影响程度的有效方法，特别是能够适用于非线性系统模型，可以定量地分析系统各类参数的变化对腿部液压驱动系统柔顺控制性能的影响程度，这是机器人腿部结构优化和动态刚度补偿控制的基础。腿部液压驱动系统的数学模型中含有非线性因素，使得基于系统微分方程的输出灵敏度分析方法和基于系统传递函数的特征根灵敏度分析方法的适用性变差，而基于系统状态空间描述的轨迹灵敏度分析方法和矩阵灵敏度分析方法可以解决这一问题。

但是，由于一阶灵敏度分析方法在进行灵敏度计算时忽略了方程中的高阶项，当系统参数变化较大时，其精度并不能令人满意。针对上述问题，本章给出两种灵敏度分析新方法：第一，进行二阶轨迹灵敏度分析的理论推导，给出二阶轨迹灵敏度方程组的通用表达式，根据系统参数灵敏度分析的特点，将通用表达式化简为特殊表达式；第二，进行二阶矩阵灵敏度分析的理论推导，给出二阶轨迹灵敏度方程组的通用表达式，根据系统参数灵敏度分析的特点，将通用表达式化简为特殊表达式。

本章的研究工作将为后续章节的液压驱动单元位置及力控制参数灵敏度分析和腿部液压驱动系统阻抗控制参数灵敏度分析奠定理论基础。

3.1　轨迹灵敏度理论基础

3.1.1　一阶轨迹灵敏度方程组

一般系统的状态方程通用表达式为

$$\dot{x} = f(x,u,\alpha,t) \tag{3.1}$$

式中，x 为 m 维状态变量；u 为与 α 无关的 r 维输入矢量，α 为 p 维参数矢量；t 为时间。

状态空间方程(3.1)的解可以表示为

$$\varphi_n(t) = x(t,\alpha)_n \tag{3.2}$$

式中，下角标 n 为状态变量的序号，$n=1,2,\cdots,m$。

状态变量对参数矢量 $\boldsymbol{a}$ 的一阶轨迹灵敏度函数定义为

$$\lambda_{nf}^{i} = \left(\frac{\partial \boldsymbol{x}}{\partial \alpha_i} \right)_n \tag{3.3}$$

式中，α_i 表示参数矢量 $\boldsymbol{a}$ 在第 i 个参数时的值，为一维矩阵(后文其他一维矩阵也同样表示)；角标 i 为参数的序号，$i=1,2,\cdots,p$；下角标 f 表示一阶。式(3.3)的物理意义为参数 α_i 的变化对状态变量 $\boldsymbol{x}$ 产生的影响。

一阶轨迹灵敏度函数 λ_{nf}^{i} 为 $m \times p$ 二维矩阵，其初始条件为

$$\lambda_{nf0}^{i} = \left(\frac{\partial \boldsymbol{x}_0}{\partial \alpha_i} \right)_n \tag{3.4}$$

式中，$\boldsymbol{x}_0$ 为状态变量 $\boldsymbol{x}$ 的初始值。

由于状态变量 $\boldsymbol{x}$ 是含有参数矢量 $\boldsymbol{a}$ 与输入矢量 $\boldsymbol{u}$ 的函数，在状态空间方程(3.1)等式两边同时对参数矢量 $\boldsymbol{a}$ 求偏导数可得

$$\left(\frac{\partial \dot{\boldsymbol{x}}}{\partial \alpha_i} \right)_n = \frac{\partial \boldsymbol{f}}{\partial \alpha_i} \tag{3.5}$$

展开后可得

$$\left(\frac{\partial \dot{\boldsymbol{x}}}{\partial \alpha_i} \right)_n = \left(\frac{\partial \boldsymbol{f}}{\partial \boldsymbol{x}} \right)_n \cdot \left(\frac{\partial \boldsymbol{x}}{\partial \alpha_i} \right)_n + \left(\frac{\partial \boldsymbol{f}}{\partial \boldsymbol{u}} \right)_n \cdot \left(\frac{\partial \boldsymbol{u}}{\partial \alpha_i} \right)_n + \left(\frac{\partial \boldsymbol{f}}{\partial \alpha_i} \right)_n \tag{3.6}$$

在输入矢量 $\boldsymbol{u}$ 与参数矢量 $\boldsymbol{a}$ 相互独立的情况下，有

$$\left(\frac{\partial \boldsymbol{u}}{\partial \alpha_i} \right)_n = \boldsymbol{0}_{r \times p} \tag{3.7}$$

式中，$\boldsymbol{0}_{r \times p}$ 为 $r \times p$ 二维零矩阵。

把式(3.7)代入式(3.6)，可化简为

$$\left(\frac{\partial \dot{\boldsymbol{x}}}{\partial \alpha_i} \right)_n = \left(\frac{\partial \boldsymbol{f}}{\partial \boldsymbol{x}} \right)_n \cdot \left(\frac{\partial \boldsymbol{x}}{\partial \alpha_i} \right)_n + \left(\frac{\partial \boldsymbol{f}}{\partial \alpha_i} \right)_n \tag{3.8}$$

将式(3.3)代入式(3.8)，可得

$$\dot{\lambda}_{nf}^{i} = \left(\frac{\partial \boldsymbol{f}}{\partial \boldsymbol{x}} \right)_n \cdot \lambda_{nf}^{i} + \left(\frac{\partial \boldsymbol{f}}{\partial \alpha_i} \right)_n \tag{3.9}$$

式(3.9)为一阶轨迹灵敏度方程组，该方程组是带有时变系数项和时变自由项

的一阶线性非齐次微分方程组。其中，$(\partial f/\partial x)_n$ 为一阶轨迹灵敏度方程组系数项矩阵，该矩阵可由雅可比矩阵计算得出，$(\partial f/\partial \alpha_i)_n$ 为灵敏度方程组自由项矩阵。

由于参数矢量 $\boldsymbol{\alpha}$ 的变化 $\Delta\boldsymbol{\alpha}$ 会引起状态变量 $\boldsymbol{x}$ 的变化 $\Delta\boldsymbol{x}$，对式 (3.2) 进行一阶泰勒级数展开，可表示为

$$\boldsymbol{x}(t,\boldsymbol{\alpha}+\Delta\boldsymbol{\alpha})_n = \boldsymbol{x}(t,\boldsymbol{\alpha})_n + \left[\frac{\partial \boldsymbol{x}(t,\boldsymbol{\alpha})}{\partial \boldsymbol{\alpha}}\right]_n \cdot \Delta\boldsymbol{\alpha} + 高阶项 \tag{3.10}$$

单参数 α_i 的变化 $\Delta\alpha_i$ 引起状态变量 $\boldsymbol{x}$ 的变化 $\Delta\boldsymbol{x}$，可表示为

$$\boldsymbol{x}(t,\alpha_i+\Delta_i)_n = \boldsymbol{x}(t,\alpha_i)_n + \left[\frac{\partial \boldsymbol{x}(t,\alpha_i)}{\partial \alpha_i}\right]_n \cdot \Delta\alpha_i + 高阶项 \tag{3.11}$$

式中，$\left[\dfrac{\partial \boldsymbol{x}(t,\alpha_i)}{\partial \alpha_i}\right]_n$ 为一阶轨迹灵敏度函数 $\boldsymbol{\lambda}_{nf}^{i}$。将式 (3.3) 代入式 (3.11)，可得

$$\Delta\boldsymbol{x} = \boldsymbol{\lambda}_{nf}^{i} \cdot \Delta\boldsymbol{\alpha} + 高阶项 \tag{3.12}$$

式 (3.12) 为参数矢量 $\boldsymbol{\alpha}$ 的变化 $\Delta\boldsymbol{\alpha}$ 引起状态变量 $\boldsymbol{x}$ 的变化 $\Delta\boldsymbol{x}$ 的一阶近似表达。根据式 (3.12)，当计算出各参数的一阶轨迹灵敏度函数 $\boldsymbol{\lambda}_{nf}^{i}$ 时，将其与参数变化量 $\Delta\boldsymbol{\alpha}$ 相乘，即可以计算出各参数变化引起的状态变量 $\boldsymbol{x}$ 的变化 $\Delta\boldsymbol{x}$。

3.1.2　二阶轨迹灵敏度方程组

状态变量 $\boldsymbol{x}$ 对参数矢量 $\boldsymbol{\alpha}$ 的二阶轨迹灵敏度函数可定义为

$$\boldsymbol{\lambda}_{ns}^{ij} = \left(\frac{\partial^2 \boldsymbol{x}}{\partial \alpha_i \partial \alpha_j^{\mathrm{T}}}\right)_n \tag{3.13}$$

式中，角标 j 为参数的序号，$j=1,2,\cdots,p$；角标 s 表示二阶。

二阶轨迹灵敏度函数的物理意义为：参数 α_j 的变化对参数 α_i 变化引起的状态变量 $\boldsymbol{x}$ 的变化率的变化产生的影响，即 $\partial\alpha_j$ 对 $\partial\left(\dfrac{\partial \boldsymbol{x}}{\partial \alpha_i}\right)$ 产生的影响。二阶轨迹灵敏度函数 $\boldsymbol{\lambda}_{ns}^{i}$ 为 $m\times p\times p$ 三维矩阵，其初始条件为

$$\boldsymbol{\lambda}_{ns0}^{ij} = \left(\frac{\partial^2 \boldsymbol{x}_0}{\partial \alpha_i \partial \alpha_j^{\mathrm{T}}}\right)_n \tag{3.14}$$

为求解出二阶灵敏度方程组的表达式，在一阶灵敏度方程组 (3.9) 等式两边同

时对参数矢量 $\boldsymbol{a}$ 求偏导数，可得

$$\frac{\partial\left(\dfrac{\partial\dot{\boldsymbol{x}}}{\partial\alpha_i}\right)_n}{\partial\alpha_j}=\frac{\partial\left[\left(\dfrac{\partial\boldsymbol{f}}{\partial\boldsymbol{x}}\right)_n\cdot\left(\dfrac{\partial\boldsymbol{x}}{\partial\alpha_i}\right)_n+\left(\dfrac{\partial\boldsymbol{f}}{\partial\alpha_i}\right)_n\right]}{\partial\alpha_j} \tag{3.15}$$

展开后可得

$$\left(\frac{\partial^2\dot{\boldsymbol{x}}}{\partial\alpha_i\partial\alpha_j^{\mathrm{T}}}\right)_n=\frac{\partial\left(\dfrac{\partial\boldsymbol{f}}{\partial\boldsymbol{x}}\right)_n}{\partial\alpha_j}\cdot\left(\frac{\partial\boldsymbol{x}}{\partial\alpha_i}\right)_n+\left(\frac{\partial\boldsymbol{f}}{\partial\boldsymbol{x}}\right)_n\cdot\left(\frac{\partial^2\boldsymbol{x}}{\partial\alpha_i\partial\alpha_j^{\mathrm{T}}}\right)_n+\frac{\partial\left(\dfrac{\partial\boldsymbol{f}}{\partial\alpha_i}\right)_n}{\partial\alpha_j} \tag{3.16}$$

$$\frac{\partial\left(\dfrac{\partial\boldsymbol{f}}{\partial\boldsymbol{x}}\right)_n}{\partial\alpha_j}=\left(\frac{\partial^2\boldsymbol{f}}{\partial\boldsymbol{x}\partial\boldsymbol{x}^{\mathrm{T}}}\right)_n\cdot\left(\frac{\partial\boldsymbol{x}}{\partial\alpha_j}\right)_n+\left(\frac{\partial^2\boldsymbol{f}}{\partial\boldsymbol{x}\partial\boldsymbol{u}^{\mathrm{T}}}\right)_n\cdot\left(\frac{\partial\boldsymbol{u}}{\partial\alpha_j}\right)_n+\left(\frac{\partial^2\boldsymbol{f}}{\partial\boldsymbol{x}\partial\boldsymbol{a}^{\mathrm{T}}}\right)_n\cdot\left(\frac{\partial\boldsymbol{a}}{\partial\alpha_j}\right)_n \tag{3.17}$$

$$\frac{\partial\left(\dfrac{\partial\boldsymbol{f}}{\partial\alpha_i}\right)_n}{\partial\alpha_j}=\left(\frac{\partial^2\boldsymbol{f}}{\partial\alpha_i\partial\boldsymbol{x}^{\mathrm{T}}}\right)_n\cdot\left(\frac{\partial\boldsymbol{x}}{\partial\alpha_j}\right)_n+\left(\frac{\partial^2\boldsymbol{f}}{\partial\alpha_i\partial\boldsymbol{u}^{\mathrm{T}}}\right)_n\cdot\left(\frac{\partial\boldsymbol{u}}{\partial\alpha_j}\right)_n+\frac{\partial^2\boldsymbol{f}}{\partial\alpha_i\partial\boldsymbol{a}^{\mathrm{T}}}\cdot\left(\frac{\partial\boldsymbol{a}}{\partial\alpha_j}\right)_n \tag{3.18}$$

同样假设输入矢量 $\boldsymbol{u}$ 与参数矢量 $\boldsymbol{a}$ 相互独立，有

$$\left(\frac{\partial u}{\partial\alpha_j}\right)_n=\boldsymbol{0}_{r\times p} \tag{3.19}$$

式中，$\boldsymbol{0}_{r\times p}$ 为 $r\times p$ 二维零矩阵。

假设任一参数的时变特性与其余参数无关，有

$$\left(\frac{\partial\boldsymbol{a}}{\partial\alpha_j}\right)_n=\boldsymbol{E}_{p\times p} \tag{3.20}$$

式中，$\boldsymbol{E}_{p\times p}$ 为 $p\times p$ 二维单位矩阵。

将式(3.19)和式(3.20)代入式(3.17)和式(3.18)，可化简为

$$\frac{\partial\left(\dfrac{\partial\boldsymbol{f}}{\partial\boldsymbol{x}}\right)_n}{\partial\alpha_j}=\left(\frac{\partial^2\boldsymbol{f}}{\partial\boldsymbol{x}\partial\boldsymbol{x}^{\mathrm{T}}}\right)_n\cdot\left(\frac{\partial\boldsymbol{x}}{\partial\alpha_j}\right)_n+\left(\frac{\partial^2\boldsymbol{f}}{\partial\boldsymbol{x}\partial\alpha_j^{\mathrm{T}}}\right)_n \tag{3.21}$$

$$\frac{\partial\left(\frac{\partial \boldsymbol{f}}{\partial \alpha_i}\right)_n}{\partial \alpha_j}=\left(\frac{\partial^2 \boldsymbol{f}}{\partial \alpha_i \partial \boldsymbol{x}^{\mathrm{T}}}\right)_n \cdot\left(\frac{\partial \boldsymbol{x}}{\partial \alpha_j}\right)_n+\left(\frac{\partial^2 \boldsymbol{f}}{\partial \alpha_i \partial \alpha_j^{\mathrm{T}}}\right)_n \tag{3.22}$$

将式(3.21)和式(3.22)代入式(3.16)，可得

$$\left(\frac{\partial^2 \dot{\boldsymbol{x}}}{\partial \alpha_i \partial \alpha_j^{\mathrm{T}}}\right)_n=\left[\left(\frac{\partial^2 \boldsymbol{f}}{\partial \boldsymbol{x} \partial \boldsymbol{x}^{\mathrm{T}}}\right)_n \cdot\left(\frac{\partial \boldsymbol{x}}{\partial \alpha_j}\right)_n+\left(\frac{\partial^2 \boldsymbol{f}}{\partial \boldsymbol{x} \partial \alpha_j^{\mathrm{T}}}\right)_n\right]\cdot\left(\frac{\partial \boldsymbol{x}}{\partial \alpha_i}\right)_n+\left(\frac{\partial \boldsymbol{f}}{\partial \boldsymbol{x}}\right)_n \cdot\left(\frac{\partial^2 \boldsymbol{x}}{\partial \alpha_i \partial \alpha_j^{\mathrm{T}}}\right)_n$$
$$+\left(\frac{\partial^2 \boldsymbol{f}}{\partial \alpha_i \partial \boldsymbol{x}^{\mathrm{T}}}\right)_n \cdot\left(\frac{\partial \boldsymbol{x}}{\partial \alpha_j}\right)_n+\left(\frac{\partial^2 \boldsymbol{f}}{\partial \alpha_i \partial \alpha_j^{\mathrm{T}}}\right)_n \tag{3.23}$$

将一阶轨迹灵敏度函数表达式(3.9)和二阶轨迹灵敏度函数表达式(3.13)代入式(3.23)，可得

$$\dot{\lambda}_{ns}^{ij}=\left[\left(\frac{\partial^2 \boldsymbol{f}}{\partial \boldsymbol{x} \partial \boldsymbol{x}^{\mathrm{T}}}\right)_n \cdot \lambda_{nf}^{j}+\left(\frac{\partial^2 \boldsymbol{f}}{\partial \boldsymbol{x} \partial \alpha_j^{\mathrm{T}}}\right)\right]\cdot \lambda_{nf}^{i}+\left(\frac{\partial \boldsymbol{f}}{\partial \boldsymbol{x}}\right)_n \cdot \lambda_{ns}^{ij}+\left(\frac{\partial^2 \boldsymbol{f}}{\partial \boldsymbol{x} \partial \alpha_j^{\mathrm{T}}}\right)_n \cdot \lambda_{nf}^{j}+\left(\frac{\partial^2 \boldsymbol{f}}{\partial \alpha_i \partial \alpha_j^{\mathrm{T}}}\right)_n \tag{3.24}$$

可进一步化简为

$$\dot{\lambda}_{ns}^{ij}=\left(\frac{\partial \boldsymbol{f}}{\partial \boldsymbol{x}}\right)_n \cdot \lambda_{ns}^{ij}+\left(\frac{\partial^2 \boldsymbol{f}}{\partial \boldsymbol{x} \partial \boldsymbol{x}^{\mathrm{T}}}\right)_n \cdot \lambda_{nf}^{j} \cdot \lambda_{nf}^{i}+2\left(\frac{\partial^2 \boldsymbol{f}}{\partial \boldsymbol{x} \partial \alpha_j^{\mathrm{T}}}\right)_n \cdot \lambda_{nf}^{j}+\left(\frac{\partial^2 \boldsymbol{f}}{\partial \alpha_i \partial \alpha_j^{\mathrm{T}}}\right)_n \tag{3.25}$$

式中，λ_{ns}^{ij} 为 $m \times p \times p$ 三维矩阵；λ_{nf}^{i} 为 $m \times p \times 1$ 三维矩阵；λ_{nf}^{j} 为 $1 \times m \times p$ 三维矩阵；$\left(\frac{\partial^2 \boldsymbol{f}}{\partial \boldsymbol{x} \partial \boldsymbol{x}^{\mathrm{T}}}\right)_n$ 为 $m \times m \times m$ 三维矩阵；$\left(\frac{\partial^2 \boldsymbol{f}}{\partial \boldsymbol{x} \partial \alpha_j^{\mathrm{T}}}\right)_n$ 为 $m \times m \times p$ 三维矩阵；$\left(\frac{\partial^2 \boldsymbol{f}}{\partial \alpha_i \partial \alpha_j^{\mathrm{T}}}\right)_n$ 为 $m \times p \times p$ 三维矩阵。

式(3.25)为二阶轨迹灵敏度方程组的通用表达式，为带有时变系数项和时变自由项的一阶线性非齐次微分方程组，求解该方程组可得到 $m \times p \times p$ 个二阶轨迹灵敏度函数，把 $m \times p \times p$ 个二阶轨迹灵敏度函数赋予三维笛卡儿坐标系 $OXYZ$ 对应坐标位置，如图3.1所示。

具体赋予方式为：任何 $A_1 \times A_2 \times A_3$（$A_1$、$A_2$ 和 A_3 为任何不为零的自然数）三维矩阵中，A_1 对应 X 轴坐标位置，A_2 对应 Y 轴坐标位置，A_3 对应 Z 轴坐标位置。

本章的二阶轨迹灵敏度函数 $\left(\dfrac{\partial^2 \dot{\boldsymbol{x}}}{\partial \alpha_i \partial \alpha_j^{\mathrm{T}}}\right)_n$ 的角标 n 对应三维坐标轴 X 轴坐标位置，参数 α 的角标 i 和 j 分别对应三维坐标轴 Y 轴与 Z 轴坐标位置。

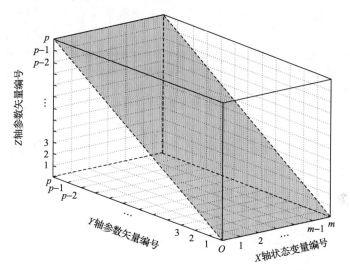

图 3.1　二阶轨迹灵敏度函数赋予三维笛卡儿坐标系等效图

3.1.3　二阶轨迹灵敏度方程组简化

3.1.2 节中推导了二阶轨迹灵敏度的通用理论模型，但对于液压驱动系统的灵敏度分析，更关注某个参数对系统输出的影响程度，而暂不关注第 j 个参数对由第 i 个参数引起系统输出变化的影响程度，因此令 $i=j$，则系统的二阶轨迹灵敏度函数 $\left(\dfrac{\partial^2 \boldsymbol{x}}{\partial \alpha_i \partial \alpha_j^{\mathrm{T}}}\right)_n$ 的特殊形式为 $\left(\dfrac{\partial^2 \boldsymbol{x}}{\partial \alpha_i^2}\right)_n$。

该特殊形式可表示为图 3.1 中 Y 轴和 Z 轴的对角线与 X 轴所围成的二维平面（图中阴影部分）对应矩阵元素，该二维平面实际表征为一个 $m \times p$ 二维矩阵。使原本二阶轨迹灵敏度方程组通用表达式(3.25)由 $m \times p \times p$ 个方程简化为 $m \times p$ 个方程，简化后的二阶轨迹灵敏度方程组为

$$\dot{\boldsymbol{\lambda}}_{ns}^i = \left(\frac{\partial \boldsymbol{f}}{\partial \boldsymbol{x}}\right)_n \cdot \boldsymbol{\lambda}_{ns}^i + \left(\frac{\partial^2 \boldsymbol{f}}{\partial \boldsymbol{x} \partial \boldsymbol{x}^{\mathrm{T}}}\right)_n \cdot \boldsymbol{\lambda}_{nf}^i \cdot \boldsymbol{\lambda}_{nf}^i + 2\left(\frac{\partial^2 \boldsymbol{f}}{\partial \boldsymbol{x} \partial \alpha_i^{\mathrm{T}}}\right)_n \cdot \boldsymbol{\lambda}_{nf}^i + \left(\frac{\partial^2 \boldsymbol{f}}{\partial \alpha_i \partial \alpha_i^{\mathrm{T}}}\right)_n \quad (3.26)$$

式中，$\boldsymbol{\lambda}_{ns}^i$ 为 $m \times p$ 二维矩阵；$\left(\dfrac{\partial^2 \boldsymbol{f}}{\partial \boldsymbol{x} \partial \boldsymbol{x}^{\mathrm{T}}}\right)_n$ 为 $m \times m \times m$ 三维矩阵；$\left(\dfrac{\partial^2 \boldsymbol{f}}{\partial \boldsymbol{x} \partial \alpha_i^{\mathrm{T}}}\right)_n$ 为

$m \times m \times p$ 三维矩阵；$\left(\dfrac{\partial^2 \boldsymbol{f}}{\partial \boldsymbol{\alpha}_i \partial \boldsymbol{\alpha}_i^{\mathrm{T}}}\right)_n$ 为 $m \times p$ 二维矩阵。

式(3.26)为二阶轨迹灵敏度方程组的特殊表达式，是带有时变系数项和时变自由项的一阶线性非齐次微分方程组。其中，时变系数项中 $\left(\dfrac{\partial^2 \boldsymbol{f}}{\partial \boldsymbol{x} \partial \boldsymbol{x}^{\mathrm{T}}}\right)_n$ 经与 $\boldsymbol{\lambda}_{nf}^i$ 两次相乘并取特殊形式，可简化为 $m \times p$ 二维矩阵；时变自由项中 $\left(\dfrac{\partial^2 \boldsymbol{f}}{\partial \boldsymbol{x} \partial \boldsymbol{\alpha}_i^{\mathrm{T}}}\right)_n$ 经与 $\boldsymbol{\lambda}_{nf}^i$ 相乘并取特殊形式，可简化为 $m \times p$ 二维矩阵。该方程组有 $m \times (p+1)$ 个表达式待求解(m 个状态方程表达式以及 $m \times p$ 个灵敏度方程表达式)，其时变系数项与一阶轨迹灵敏度方程组的时变系数项相同，时变自由项含有的一阶轨迹灵敏度函数 $\boldsymbol{\lambda}_{nf}^i$ 已在 3.1.1 节中求解出。

3.1.4 系统二阶泰勒级数展开

参数矢量变化 $\Delta \boldsymbol{\alpha}$ 会引起状态变量变化 $\Delta \boldsymbol{x}$，对式(3.2)进行二阶泰勒级数展开，可表示为

$$\boldsymbol{x}(t, \boldsymbol{\alpha}+\Delta \boldsymbol{\alpha})_n = \boldsymbol{x}(t, \boldsymbol{\alpha})_n + \left[\frac{\partial \boldsymbol{x}(t, \boldsymbol{\alpha})_n}{\partial \boldsymbol{\alpha}}\right]_n \cdot \Delta \boldsymbol{\alpha} + \frac{1}{2}\Delta \boldsymbol{\alpha}^{\mathrm{T}} \cdot \left[\frac{\partial^2 \boldsymbol{x}(t, \boldsymbol{\alpha})_n}{\partial \boldsymbol{\alpha} \partial \boldsymbol{\alpha}^{\mathrm{T}}}\right]_n \cdot \Delta \boldsymbol{\alpha} + 高阶项$$

$$(3.27)$$

单参数矢量变化 $\Delta \alpha_i$ 引起状态变量变化 $\Delta \boldsymbol{x}$，可表示为

$$\boldsymbol{x}(t, \alpha_i+\Delta \alpha_i)_n = \boldsymbol{x}(t, \alpha_i)_n + \left[\frac{\partial \boldsymbol{x}(t, \alpha_i)_n}{\partial \alpha_i}\right]_n \cdot \Delta \alpha_i + \frac{1}{2}\left[\frac{\partial^2 \boldsymbol{x}(t, \alpha_i)_n}{\partial \alpha_i^2}\right]_n \cdot \Delta \alpha_i^2 + 高阶项$$

$$(3.28)$$

式中，$\left[\dfrac{\partial \boldsymbol{x}(t, \alpha_i)_n}{\partial \alpha_i}\right]_n$ 为一阶轨迹灵敏度函数；$\left[\dfrac{\partial^2 \boldsymbol{x}(t, \alpha_i)_n}{\partial \alpha_i^2}\right]_n$ 为二阶轨迹灵敏度函数的特殊形式。

将式(3.3)和式(3.13)代入式(3.28)，可得

$$\Delta \boldsymbol{x} = \boldsymbol{\lambda}_{nf}^i \cdot \Delta \alpha_i + \frac{1}{2}\boldsymbol{\lambda}_{ns}^i \cdot \Delta \alpha_i^2 + 高阶项 \qquad (3.29)$$

式中，参数 α_i 为定值；一阶轨迹灵敏度函数 $\boldsymbol{\lambda}_{nf}^i$、二阶轨迹灵敏度函数 $\boldsymbol{\lambda}_{ns}^i$ 为时变

常值。

式 (3.29) 为参数矢量变化 $\Delta \boldsymbol{a}$ 引起状态变量变化 $\Delta \boldsymbol{x}$ 的二阶近似表达式。可以看出，只要求解出一阶轨迹灵敏度函数 λ_{nf}^i 以及二阶轨迹灵敏度函数的特殊形式 λ_{ns}^i，代入其中就可以求解出参数矢量变化 $\Delta \boldsymbol{a}$ 引起状态变量变化 $\Delta \boldsymbol{x}$ 的二阶近似表达式。

由参数矢量变化 $\Delta \boldsymbol{a}$ 引起状态变量变化 $\Delta \boldsymbol{x}$ 的一阶近似表达式可以看出，无论是一阶轨迹灵敏度分析方法还是一阶矩阵灵敏度分析方法，参数矢量变化 $\Delta \boldsymbol{a}$ 总是正比于状态变量变化 $\Delta \boldsymbol{x}$。但从式 (3.29) 可以看出，在考虑系统二阶泰勒级数展开项后，参数矢量变化 $\Delta \boldsymbol{a}$ 不再正比于状态变量变化 $\Delta \boldsymbol{x}$。

为了解不同参数变化量下二阶轨迹灵敏度相对于一阶轨迹灵敏度的精度差距，应掌握式 (3.29) 中二阶项所占的比例与参数变化量的关系。根据式 (3.29)，设任一参数变化量百分比为 ϕ，一阶泰勒级数展开项相对于二阶泰勒级数展开项所占比例为 $h(\phi)$，忽略高阶项，以第 1 个状态变量为例，则有

$$h(\phi) = \frac{\lambda_{1f}^i \alpha_i \phi}{\lambda_{1f}^i \alpha_i \phi + \frac{1}{2}\lambda_{1s}^i (\alpha_i \phi)^2} \tag{3.30}$$

分子分母同时除以变量 ϕ，等式两边同时对变量 ϕ 求导可得

$$h'(\phi) = \frac{\lambda_{1f}^i \alpha_i \cdot \left[\lambda_{1f}^i \alpha_i \phi + \frac{1}{2}\lambda_{1s}^i (\alpha_i \phi)^2\right] - \lambda_{1f}^i \alpha_i \phi \cdot (\lambda_{1f}^i \alpha_i + \lambda_{1s}^i \alpha_i^2 \phi)}{\left[\lambda_{1f}^i \alpha_i \phi + \frac{1}{2}\lambda_{1s}^i (\alpha_i \phi)^2\right]^2} \tag{3.31}$$

式 (3.31) 的分母恒大于 0，讨论分子的单调性。

设分子为 $J(\phi)$，化简后可得

$$J(\phi) = (\lambda_{1f}^i \alpha_i)^2 \phi + \frac{1}{2}\lambda_{1s}^i \lambda_{1f}^i \alpha_i^3 \phi^2 - (\lambda_{1f}^i \alpha_i)^2 \phi - \lambda_{1s}^i \lambda_{1f}^i \alpha_i^3 \phi^2 = -\frac{1}{2}\lambda_{1s}^i \lambda_{1f}^i \alpha_i^3 \phi^2 \tag{3.32}$$

式中，任一参数 α_i 恒大于 0，ϕ^2 恒大于 0，所以函数 $J(\phi)$ 的正负由一阶轨迹灵敏度函数 λ_{1f}^i 和二阶轨迹灵敏度函数 λ_{1s}^i 确定。

(1) 当 λ_{1f}^i 与 λ_{1s}^i 在任一时刻同号时，函数 $J(\phi)$ 恒小于 0，函数 $h(\phi)$ 单调递减。

(2) 当 λ_{1f}^i 与 λ_{1s}^i 在任一时刻异号时，函数 $J(\phi)$ 恒大于 0，函数 $h(\phi)$ 单调递增。

(3) 当 λ_{1f}^i 与 λ_{1s}^i 在任一时刻等于 0 时，条件特殊，不再进行详细分析。

由此得出，随着系统中任一参数变化量百分比的增加，无论一阶轨迹灵敏度函数 λ_{1f}^i 与二阶轨迹灵敏度函数 λ_{1s}^i 在任一时刻同号还是异号，在这一时刻一阶泰勒级数展开项相对于二阶泰勒级数展开项所占比例降低，即系统二阶泰勒级数展开项所占比例递增。当 λ_{1f}^i 在任一时刻等于 0 时，随着参数百分比 ϕ 的增加，系统一阶泰勒级数展开项等于 0，系统二阶泰勒级数展开项所占比例增加；而当 λ_{1s}^i 在任一时刻等于 0 时，系统二阶泰勒级数展开项等于 0，其所占比例在此刻不发生变化。

因此，理论上对于高集成阀控缸位置控制系统，当参数变化范围较小时，系统二阶泰勒级数展开项所占比例较小，一阶灵敏度与二阶灵敏度的分析结果应该是相似的；而当参数变化范围较大时，系统二阶泰勒级数展开项所占比例逐渐增加，一阶灵敏度与二阶灵敏度的分析结果应该是有所区别的，分析结果具体相差多少，将在第 4 章的仿真中予以分析。

3.2 矩阵灵敏度理论基础

3.2.1 一阶矩阵灵敏度方程组

一阶矩阵灵敏度的计算方法与一阶轨迹灵敏度有所区别，高集成阀控缸位置控制系统方程可表示为

$$g(x, u, \alpha, t) = 0 \tag{3.33}$$

式中，x 为 m 维状态变量；u 为与 α 无关的 r 维输入矢量；α 为 p 维参数矢量；t 为时间。

式 (3.33) 为 m 阶方程组，在参数矢量初始值 α_0 一定的情况下，给定输入信号初始值 u_0，可得到状态变量的初始值 x_0，则方程组 (3.33) 的初始值为

$$g(x_0, u_0, \alpha_0, t) = 0 \tag{3.34}$$

式中，参数矢量 α 的变化 $\Delta\alpha$ 与输入矢量 u 的变化 Δu 会引起状态变量 x 的变化 Δx，即

$$g(x_0 + \Delta x, u_0 + \Delta u, \alpha_0 + \Delta\alpha, t) = 0 \tag{3.35}$$

对式 (3.35) 进行一阶泰勒级数展开，可转换为

$$\begin{aligned} &g(x_0 + \Delta x, u_0 + \Delta u, \alpha_0 + \Delta\alpha, t) \\ &\approx g(x_0, u_0, \alpha_0, t) + g_x\Delta x + g_u\Delta u + g_\alpha\Delta\alpha \end{aligned} \tag{3.36}$$

将式(3.34)代入式(3.36)可得

$$g_x\Delta x + g_u\Delta u + g_\alpha\Delta\alpha = 0 \tag{3.37}$$

进一步可转换为

$$\Delta x = -g_x^{-1}\cdot g_u\Delta u - g_x^{-1}\cdot g_\alpha\cdot\Delta u \tag{3.38}$$

式中，g_x 为 $m\times m$ 二维雅可比矩阵 $\partial g/\partial x$，其具体表达形式为

$$g_x = \begin{bmatrix} \alpha_{1,1} & \alpha_{1,2} & \cdots & \alpha_{1,m} \\ \alpha_{2,1} & \alpha_{2,2} & \cdots & \alpha_{2,m} \\ \vdots & \vdots & & \vdots \\ \alpha_{m,1} & \alpha_{m,2} & \cdots & \alpha_{m,m} \end{bmatrix} \tag{3.39}$$

式(3.37)中，g_α 表示矩阵 $\partial g/\partial\alpha$，$g_u$ 表示矩阵 $\partial g/\partial u$，其具体表达形式分别为

$$g_\alpha = \begin{bmatrix} b_{1,1} & b_{1,2} & \cdots & b_{1,m} & \cdots & b_{1,p} \\ b_{2,1} & b_{2,2} & \cdots & b_{2,m} & \cdots & b_{2,p} \\ \vdots & \vdots & & \vdots & & \vdots \\ b_{m,1} & b_{m,2} & \cdots & b_{m,m} & \cdots & b_{m,p} \end{bmatrix} \tag{3.40}$$

$$g_u = \begin{bmatrix} c_{1,1} & c_{1,2} & \cdots & c_{1,m} & \cdots & c_{1,r} \\ c_{2,1} & c_{2,2} & \cdots & c_{2,m} & \cdots & c_{2,r} \\ \vdots & \vdots & & \vdots & & \vdots \\ c_{m,1} & c_{m,2} & \cdots & c_{m,m} & \cdots & c_{m,r} \end{bmatrix} \tag{3.41}$$

定义 S_u 为

$$S_u = g_x^{-1}\cdot g_u \tag{3.42}$$

式中，S_u 为 $m\times r$ 二维矩阵，其第 n 行表示第 n 个状态变量 x_n 对 r 个输入矢量 u 的关系，其具体表达形式为

$$S_u = \begin{bmatrix} s_{1,1} & s_{1,2} & \cdots & s_{1,m} & \cdots & s_{1,r} \\ s_{2,1} & s_{2,2} & \cdots & s_{2,m} & \cdots & s_{2,r} \\ \vdots & \vdots & & \vdots & & \vdots \\ s_{m,1} & s_{m,2} & \cdots & s_{m,m} & \cdots & s_{m,r} \end{bmatrix} \tag{3.43}$$

设式 (3.37) 中

$$\boldsymbol{S}_\alpha = \boldsymbol{g}_x^{-1} \cdot \boldsymbol{g}_\alpha \tag{3.44}$$

式中，$\boldsymbol{S}_\alpha$ 为 $m \times p$ 二维矩阵，其第 n 行表示第 n 个状态变量 $\boldsymbol{x}_n$ 对 p 个参数矢量 $\boldsymbol{\alpha}$ 的关系，具体表达形式为

$$\boldsymbol{S}_\alpha = \begin{bmatrix} s_{1,1} & s_{1,2} & \cdots & s_{1,m} & \cdots & s_{1,p} \\ s_{2,1} & s_{2,2} & \cdots & s_{2,m} & \cdots & s_{2,p} \\ \vdots & \vdots & & \vdots & & \vdots \\ s_{m,1} & s_{m,2} & \cdots & s_{m,m} & \cdots & s_{m,p} \end{bmatrix} \tag{3.45}$$

将式 (3.43) 和式 (3.45) 代入式 (3.38)，可得

$$\Delta \boldsymbol{x} = -\boldsymbol{S}_u \cdot \Delta \boldsymbol{u} - \boldsymbol{S}_\alpha \cdot \Delta \boldsymbol{\alpha} \tag{3.46}$$

式 (3.46) 为一阶矩阵灵敏度方程组，$\boldsymbol{S}_\alpha$ 表示参数矢量 $\boldsymbol{\alpha}$ 的含有时变元素的 $m \times p$ 二维灵敏度矩阵，$\boldsymbol{S}_u$ 表示输入矢量 $\boldsymbol{u}$ 的含有时变元素的 $m \times r$ 二维灵敏度矩阵。参数矢量 $\Delta \boldsymbol{\alpha}$ 为 $p \times 1$ 矩阵，输入矢量 $\Delta \boldsymbol{u}$ 为 $r \times 1$ 矩阵，其具体表达形式分别为

$$\Delta \boldsymbol{\alpha} = \begin{bmatrix} \Delta \alpha_1 \\ \Delta \alpha_2 \\ \vdots \\ \Delta \alpha_p \end{bmatrix} \tag{3.47}$$

$$\Delta \boldsymbol{u} = \begin{bmatrix} \Delta u_1 \\ \Delta u_2 \\ \vdots \\ \Delta u_r \end{bmatrix} \tag{3.48}$$

将式 (3.43)、式 (3.45)、式 (3.47) 和式 (3.48) 代入式 (3.46)，即可得到 $m \times 1$ 矩阵 $\Delta \boldsymbol{x}$，其具体表达形式为

$$\Delta \boldsymbol{x} = -\begin{bmatrix} s_{1,1} & s_{1,2} & \cdots & s_{1,m} & \cdots & s_{1,p} \\ s_{2,1} & s_{2,2} & \cdots & s_{2,m} & \cdots & s_{2,p} \\ \vdots & \vdots & & \vdots & & \vdots \\ s_{m,1} & s_{m,2} & \cdots & s_{m,m} & \cdots & s_{m,p} \end{bmatrix} \times \begin{bmatrix} \Delta \alpha_1 \\ \Delta \alpha_2 \\ \vdots \\ \Delta \alpha_p \end{bmatrix}$$
$$-\begin{bmatrix} s_{1,1} & s_{1,2} & \cdots & s_{1,m} & \cdots & s_{1,r} \\ s_{2,1} & s_{2,2} & \cdots & s_{2,m} & \cdots & s_{2,r} \\ \vdots & \vdots & & \vdots & & \vdots \\ s_{m,1} & s_{m,2} & \cdots & s_{m,m} & \cdots & s_{m,r} \end{bmatrix} \times \begin{bmatrix} \Delta u_1 \\ \Delta u_2 \\ \vdots \\ \Delta u_r \end{bmatrix} = \begin{bmatrix} \Delta x_1 \\ \Delta x_2 \\ \vdots \\ \Delta x_m \end{bmatrix} \tag{3.49}$$

式中，矩阵 $\Delta \boldsymbol{x}$ 为第 n 行表示参数矢量 $\boldsymbol{a}$ 的变化 $\Delta \boldsymbol{a}$、输入矢量 $\boldsymbol{u}$ 的变化 $\Delta \boldsymbol{u}$ 引起状态变量 x_n 的变化 Δx_n 的总和。

3.2.2　二阶矩阵灵敏度方程组

将式 (3.39) 进行二阶泰勒级数展开，可转换为

$$\boldsymbol{g}(\boldsymbol{x}_0 + \Delta \boldsymbol{x}, \boldsymbol{u}_0 + \Delta \boldsymbol{u}, \boldsymbol{a}_0 + \Delta \boldsymbol{a}, t) = 0$$

$$\approx \boldsymbol{g}(\boldsymbol{x}_0, \boldsymbol{u}_0, \boldsymbol{a}_0, t) + \boldsymbol{g}_x \cdot \Delta \boldsymbol{x} + \boldsymbol{g}_u \cdot \Delta \boldsymbol{u} + \boldsymbol{g}_\alpha \cdot \Delta \boldsymbol{a} + \frac{1}{2} \Delta \boldsymbol{x}^{\mathrm{T}} \cdot \boldsymbol{g}_{xx} \cdot \Delta \boldsymbol{x}$$

$$+ \frac{1}{2} \Delta \boldsymbol{x}^{\mathrm{T}} \cdot \boldsymbol{g}_{xu} \cdot \Delta \boldsymbol{u} + \frac{1}{2} \Delta \boldsymbol{x}^{\mathrm{T}} \cdot \boldsymbol{g}_{x\alpha} \cdot \Delta \boldsymbol{a} + \frac{1}{2} \Delta \boldsymbol{u}^{\mathrm{T}} \cdot \boldsymbol{g}_{ux} \cdot \Delta \boldsymbol{x} + \frac{1}{2} \Delta \boldsymbol{u}^{\mathrm{T}} \cdot \boldsymbol{g}_{uu} \cdot \Delta \boldsymbol{u} \quad (3.50)$$

$$+ \frac{1}{2} \Delta \boldsymbol{u}^{\mathrm{T}} \cdot \boldsymbol{g}_{u\alpha} \cdot \Delta \boldsymbol{a} + \frac{1}{2} \Delta \boldsymbol{a}^{\mathrm{T}} \cdot \boldsymbol{g}_{\alpha x} \cdot \Delta \boldsymbol{x} + \frac{1}{2} \Delta \boldsymbol{a}^{\mathrm{T}} \cdot \boldsymbol{g}_{\alpha u} \cdot \Delta \boldsymbol{u} + \frac{1}{2} \Delta \boldsymbol{a}^{\mathrm{T}} \cdot \boldsymbol{g}_{\alpha\alpha} \cdot \Delta \boldsymbol{a}$$

式 (3.50) 为二阶矩阵灵敏度方程组的通用表达式，为带有时变系数项的三维矩阵方程组，式中一阶泰勒级数展开项 $\boldsymbol{g}_x \cdot \Delta \boldsymbol{x}$ 为 $m \times m$ 二维矩阵 $\boldsymbol{g}_x$ 与 $m \times 1$ 二维矩阵 $\Delta \boldsymbol{x}$ 相乘，所得结果为 $m \times 1$ 的二维矩阵，同理，$\boldsymbol{g}_u \cdot \Delta \boldsymbol{u}$ 与 $\boldsymbol{g}_\alpha \cdot \Delta \boldsymbol{a}$ 也为 $m \times 1$ 二维矩阵；二阶泰勒级数展开项 $(1/2)\Delta \boldsymbol{x}^{\mathrm{T}} \cdot \boldsymbol{g}_{xx} \cdot \Delta \boldsymbol{x}$ 为 $1 \times m$ 二维矩阵 $\Delta \boldsymbol{x}^{\mathrm{T}}$、$m \times m \times m$ 三维矩阵 $\boldsymbol{g}_{xx}$ 和 $m \times 1$ 二维矩阵 $\Delta \boldsymbol{x}$ 三者相乘，其中前两项相乘后得到 $1 \times m \times m$ 三维矩阵，再与第三项相乘得到 $1 \times m \times 1$ 三维矩阵，该矩阵为特殊形式的三维矩阵，其表达式与 $m \times 1$ 二维矩阵相同。因此，其余二阶泰勒级数展开项经过矩阵运算后均可看作 $m \times 1$ 二维矩阵。由一阶泰勒级数展开与二阶泰勒级数展开所得到的多个 $m \times 1$ 二维矩阵相加后，式 (3.50) 为以 $\Delta \boldsymbol{x}$ 为自变量的含有时变系数项的一元二次 $m \times 1$ 矩阵灵敏度方程组。

式 (3.50) 中 $\boldsymbol{g}_{xx}$ 为 $m \times m \times m$ 三维矩阵 $\partial^2 \boldsymbol{g} / \partial \boldsymbol{x}^2$，$\boldsymbol{g}_{xu}$ 为 $m \times m \times p$ 三维矩阵 $\partial^2 \boldsymbol{g} / (\partial \boldsymbol{x} \partial \boldsymbol{u})$，$\boldsymbol{g}_{x\alpha}$ 为 $m \times m \times p$ 三维矩阵 $\partial^2 \boldsymbol{g} / (\partial \boldsymbol{x} \partial \boldsymbol{a})$，$\boldsymbol{g}_{ux}$ 为 $m \times r \times p$ 三维矩阵，$\boldsymbol{g}_{uu}$ 为 $m \times r \times r$ 三维矩阵，$\boldsymbol{g}_{u\alpha}$ 为 $m \times r \times p$ 三维矩阵，$\boldsymbol{g}_{\alpha x}$ 为 $m \times p \times m$ 三维矩阵，$\boldsymbol{g}_{\alpha u}$ 为 $m \times p \times r$ 三维矩阵，$\boldsymbol{g}_{\alpha\alpha}$ 为 $m \times p \times p$ 三维矩阵。为方便表达这些三维矩阵的具体表示形式，将三维矩阵中每个元素赋予三维笛卡儿坐标系 $OXYZ$ 对应坐标位置等效图，如图 3.2 所示。

具体赋予方式为：任何的 $A_1 \times A_2 \times A_3$（$A_1$、$A_2$ 和 A_3 为任何不为零的自然数）三维矩阵中，A_1 对应 X 轴坐标位置，A_2 对应 Y 轴坐标位置，A_3 对应 Z 轴坐标位置。以三维矩阵 $\boldsymbol{g}_{u\alpha}$ 为例，系统状态变量维数 m 对应三维坐标轴 X 轴坐标位置，输入变量维数 r 对应三维坐标轴 Y 轴坐标位置，而参数变量维数 p 对应三维坐标轴 Z 轴坐标位置。

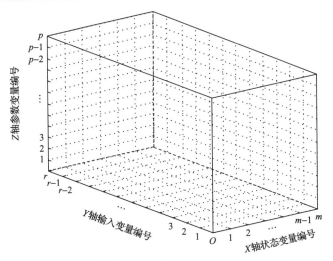

图 3.2 三维矩阵赋予三维笛卡儿坐标系等效图

当仅研究某个参数变量 α_i 的变化 $\Delta\alpha_i$ 或某个输入变量 u_j 的变化 Δu_j 对某一状态变量 x_k 的影响时，各三维矩阵均可变为图 3.2 所示的三维矩阵等效图中的点元素，也就是一阶一维矩阵。以三维矩阵 $\boldsymbol{g}_{u\alpha}$ 为例，该矩阵从 $m \times r \times p$ 变为了一阶一维矩阵 $g_{u_j\alpha_i}^k$（此矩阵表示三维矩阵 $\boldsymbol{g}_{u\alpha}$ 取 X 轴第 k 个元素，Y 轴第 j 个元素，Z 轴第 i 个元素）；而参数变量 $\boldsymbol{\alpha}$ 的变化 $\Delta\boldsymbol{\alpha}$ 从 $p \times 1$ 二维矩阵变为了一阶一维矩阵 $\Delta\alpha_i$，输入变量 $\boldsymbol{u}$ 的变化 $\Delta\boldsymbol{u}$ 从 $r \times 1$ 二维矩阵变为了一阶一维矩阵 Δu_j，状态变量 $\boldsymbol{x}$ 的变化 $\Delta\boldsymbol{x}$ 从 $m \times 1$ 二维矩阵变为了一阶一维矩阵 Δx_k。式 (3.50) 的简化形式可表示为

$$\boldsymbol{g}(\boldsymbol{x}_0,\boldsymbol{u}_0,\boldsymbol{\alpha}_0,t)+g_{x_k}^k \cdot \Delta x_k + g_{u_j}^k \cdot \Delta u_j + g_{\alpha_i}^k \cdot \Delta\alpha_i + \frac{1}{2}\Delta x_k^2 \cdot g_{x_k x_k}^k$$

$$+\frac{1}{2}\Delta x_k \cdot \Delta u_j^2 \cdot g_{x_k u_j}^k + \frac{1}{2}\Delta x_k \cdot \Delta\alpha_i \cdot g_{x_k\alpha_i}^k + \frac{1}{2}\Delta x_k \cdot \Delta u_j \cdot g_{x_k u_j}^k$$

$$+\frac{1}{2}\Delta u_j^2 \cdot g_{u_j u_j}^k + \frac{1}{2}\Delta\alpha_i \cdot \Delta u_j \cdot g_{x_k\alpha_i}^k + \frac{1}{2}\Delta x_k \cdot \Delta\alpha_i \cdot g_{x_k\alpha_i}^k \qquad (3.51)$$

$$+\frac{1}{2}\Delta\alpha_i \cdot \Delta u_j \cdot g_{u_j\alpha_i}^k + \frac{1}{2}\Delta\alpha_i^2 \cdot g_{\alpha_i\alpha_i}^k = 0$$

式 (3.51) 中，如果系统方程 $\boldsymbol{g}(\boldsymbol{x},\boldsymbol{u},\boldsymbol{\alpha},t)$ 二阶可导，$\Delta\alpha_i$、Δu_j 与 Δx_k 为一阶一维矩阵，则 $(1/2)\Delta x_k \cdot \Delta\alpha_i \cdot g_{x_k\alpha_i}^k$ 与 $(1/2)\Delta\alpha_i \cdot \Delta x_k \cdot g_{\alpha_i x_k}^k$ 相等且可合并。同理，可得 $(1/2)\Delta x_k \cdot \Delta u_j \cdot g_{x_k u_j}^k$ 与 $(1/2)\Delta u_j \cdot \Delta x_k \cdot g_{u_j x_k}^k$、$(1/2)\Delta u_j \cdot \Delta\alpha_k \cdot g_{u_j\alpha_i}^k$ 与 $(1/2)\Delta\alpha_k \cdot \Delta u_j \cdot g_{\alpha_i u_j}^k$ 两组矩阵相等且可合并。

通过合并，式(3.51)进一步转换为

$$g(x_0, u_0, \alpha_0, t) + g_{x_k}^k \cdot \Delta x_k + g_{u_j}^k \cdot \Delta u_j + g_{\alpha_i}^k \cdot \Delta \alpha_i + \frac{1}{2} \Delta x_k^2 \cdot g_{x_k x_k}^k$$

$$+ \frac{1}{2} \Delta x_k \cdot \Delta u_j^2 \cdot g_{x_k u_j}^k + \frac{1}{2} \Delta x_k \cdot \Delta \alpha_i \cdot g_{x_k \alpha_i}^k + \frac{1}{2} \Delta x_k \cdot \Delta u_j \cdot g_{x_k u_j}^k \qquad (3.52)$$

$$+ \frac{1}{2} \Delta u_j^2 \cdot g_{u_j u_j}^k + \frac{1}{2} \Delta \alpha_i \cdot \Delta u_j \cdot g_{x_k u_j}^k \Delta x_k \cdot \Delta \alpha_i \cdot g_{x_k \alpha_i}^k + \Delta u_j \cdot \Delta \alpha_i \cdot g_{u_j \alpha_i}^k = 0$$

把式(3.52)转换为以 $\Delta \alpha_i$ 和 Δu_j 为自变量、以 Δx_k 为应变量的含有时变系数项的一元二次矩阵灵敏度方程组，可得

$$\frac{1}{2} g_{x_k x_k}^k \cdot \Delta x_k^2 + (g_{x_k}^k + \Delta u_j \cdot g_{x_k u_j}^k + \Delta \alpha_i \cdot g_{x_k \alpha_i}^k) \cdot \Delta x_k + g_{u_j}^k \cdot \Delta u_j + g_{\alpha_i}^k \cdot \Delta \alpha_i$$

$$+ \frac{1}{2} \Delta u_j^2 \cdot g_{u_j u_j}^k + \frac{1}{2} \Delta \alpha_i^2 \cdot g_{\alpha_i \alpha_i}^k + \Delta u_j \cdot \Delta \alpha_i \cdot g_{u_j \alpha_i}^k + g(x_0, u_0, \alpha_0, t) = 0 \qquad (3.53)$$

式(3.53)为二阶矩阵灵敏度方程组简化表达式，只需要求解 1 个含有时变系数项的一元二次方程即可得到状态变量 x_k 对参数变量 α_i 的变化 $\Delta \alpha_i$ 与输入变量 u_j 的变化 Δu_j 的二阶矩阵灵敏度。

若系统的输出方程为如下形式：

$$\Delta Y = f(\Delta x, \Delta u, \Delta \alpha, t) \qquad (3.54)$$

则结合式(3.53)和式(3.54)，可以得到输出变量 ΔY 对参数变量 α_i 的变化 $\Delta \alpha_i$ 与输入变量 u_j 的变化 Δu_j 的二阶矩阵灵敏度。

3.3 本 章 小 结

本章主要介绍了系统参数灵敏度分析新方法。首先，介绍了系统灵敏度分析研究现状，并分析了液压系统灵敏度分析的研究意义。其次，推导了二阶轨迹灵敏度分析理论模型，建立了二阶轨迹灵敏度方程组通用表达式，并对其进行简化得到了适用于液压驱动系统参数灵敏度分析的特殊表达式。最后，推导了二阶矩阵灵敏度分析理论模型，建立了二阶矩阵灵敏度方程组通用表达式，并对其进行简化得到了适用于液压驱动系统参数灵敏度分析的特殊表达式。

第4章 液压驱动单元位置及力控制参数灵敏度分析

液压驱动单元位置及力控制系统的性能直接决定阻抗控制的性能。控制系统在运行过程中，其状态变量的数值也一直在改变。例如，伺服缸活塞杆在运动周期中每一时刻具备的位移、速度和加速度不尽相同；伺服缸两腔的压力取决于负载，当负载动态变化时，每一时刻伺服缸两腔具有的压力也不相等。因此，灵敏度分析需要在灵敏度理论模型的基础上，实时获得系统中各状态变量的变化值，这就需要灵敏度方程组的求解和系统的动态仿真实现并行运算，以获得系统的灵敏度分析结果。

本章采用轨迹灵敏度分析方法和矩阵灵敏度分析方法，选取液压驱动单元位置控制系统阶跃响应特性进行灵敏度计算和分析，拟找到各参数灵敏度在不同位移阶跃响应下的变化规律；选取液压力控制系统正弦响应特性进行灵敏度计算和分析，拟找到各参数灵敏度在不同正弦响应下的变化规律。所得分析结论可为液压驱动单元位置及力控制系统数学模型优化和补偿控制提供理论参考。

4.1 位置控制灵敏度动态分析

4.1.1 系统仿真工况与参数选取

针对位置控制系统，本章主要采用两种研究思路：第一，采用一阶和二阶轨迹灵敏度分析方法，对比分析不同阶数下灵敏度分析方法的精度差异；第二，采用一阶轨迹灵敏度分析方法和一阶矩阵灵敏度分析方法，对比分析不同机理的灵敏度分析方法的精度差异。

由位置控制系统机理建模可知，液压驱动单元位置控制系统非线性数学模型最高阶次为6阶，这里选取6个状态变量、1个输入及17个参数，状态方程(3.1)中的各矢量可分别表示为

$$\boldsymbol{x} = \left[x_1, x_2, x_3, x_4, x_5, x_6\right]^{\mathrm{T}} \tag{4.1}$$

$$\boldsymbol{u} = \left[u_1\right]^{\mathrm{T}} \tag{4.2}$$

$$\boldsymbol{\alpha} = \left[\alpha_1, \alpha_2, \alpha_3, \alpha_4, \alpha_5, \alpha_6, \alpha_7, \alpha_8, \alpha_9, \alpha_{10}, \alpha_{11}, \alpha_{12}, \alpha_{13}, \alpha_{14}, \alpha_{15}, \alpha_{16}, \alpha_{17}\right]^{\mathrm{T}} \tag{4.3}$$

式中，$\boldsymbol{x}$ 中的6个状态变量为 $x_1 = x_p$、$x_2 = \dot{x}_p$、$x_3 = x_v$、$x_4 = \dot{x}_v$、$x_5 = p_1$ 和 $x_6 = p_2$；输入矢量 $\boldsymbol{u}$ 中的输入是 $u_1 = x_r$；参数矢量 $\boldsymbol{\alpha}$ 中的17个参数定义如下：$\alpha_1 = \omega$，$\alpha_2 = \zeta$，$\alpha_3 = K_d$，$\alpha_4 = P_s$，$\alpha_5 = p_0$，$\alpha_6 = C_{ip}$，$\alpha_7 = L$，$\alpha_8 = L_0$，$\alpha_9 = A_p$，$\alpha_{10} = \beta_e$，

$\alpha_{11} = m_{t1}$，$\alpha_{12} = K_X$，$\alpha_{13} = K_p$，$\alpha_{14} = K_{axv}$，$\alpha_{15} = K$，$\alpha_{16} = B_{p1}$，$\alpha_{17} = F_L$。本参数适用于 4.1～4.3 节。

这样，式(4.1)可展开为

$$
\begin{cases}
\dot{x}_1 = x_2 \\
\dot{x}_2 = -\dfrac{K}{m_{t1}}x_1 - \dfrac{B_{p1}}{m_{t1}}x_2 + \dfrac{A_p}{m_{t1}}x_5 - \dfrac{A_p}{m_{t1}}x_6 - \dfrac{F_f + F_L}{m_{t1}} \\
\dot{x}_3 = x_4 \\
\dot{x}_4 = -K_X K_{axv} K_p \omega_{sv}^2 x_1 - \omega_{sv}^2 x_3 - 2\zeta_{sv}\omega_{sv}x_4 + K_{axv}K_p K_X \omega_{sv}^2 x_r \\
\dot{x}_5 = \beta_e (V_{g1} + A_p L_0 + A_p x_1)^{-1}\left\{ -A_p x_2 \right. \\
\qquad \left. + K_d x_3 \sqrt{\dfrac{[1 + \mathrm{sgn}(x_3)]P_s}{2} + \dfrac{[-1 + \mathrm{sgn}(x_3)]p_0}{2} - \mathrm{sgn}(x_3)x_5} - (C_{ip} + C_{ep})x_5 + C_{ip}x_6 \right\} \\
\dot{x}_6 = \beta_e [V_{g2} + A_p(L - L_0) - A_p x_1]^{-1}\left\{ A_p x_2 \right. \\
\qquad \left. - K_d x_3 \sqrt{\dfrac{[1 - \mathrm{sgn}(x_3)]P_s}{2} + \dfrac{[-1 - \mathrm{sgn}(x_3)]p_0}{2} + \mathrm{sgn}(x_3)x_6} + C_{ip}x_5 - (C_{ip} + C_{ep})x_6 \right\}
\end{cases}
$$

$$(4.4)$$

参数矢量 $\boldsymbol{\alpha}$ 中的 17 个参数涵盖了液压驱动单元位置控制系统的结构参数、工作参数和控制参数，大部分参数均可能发生动态变化。伺服阀固有频率 α_1 和伺服阀阻尼比 α_2 是将伺服阀的动态特性近似等效为二阶振荡环节后得到的，但由于伺服阀本身为非线性且高阶次环节，二阶振荡环节不能完全描述伺服阀的真实动态特性，这 2 个参数的值不能为定值，其值受输入信号、工作参数等因素的影响；折算流量系数 α_3 是伺服阀阀口流量系数、面积梯度和油液密度的函数，与伺服缸内泄漏系数 α_6 和伺服缸活塞杆面积 α_9 一样，均与系统相应部件的磨损程度有关，故在系统长时间运行后，这 3 个参数的值会发生一定程度的变化；有效体积模量 α_{10} 受油液中气体含量和温度影响，其值在系统实际工作时动态波动；系统供油压力 α_4 和系统回油压力 α_5 在液压驱动单元系统实际工作过程中极易产生动态波动；活塞杆初始位置 α_8 取决于活塞杆的初始工作点；折算到伺服缸活塞杆上的总质量 α_{11}、负载刚度 α_{15}、黏性阻尼系数 α_{16} 和外负载力 α_{17}，均受到负载条件变化的影响；比例增益 α_{13} 为控制器的一个典型控制参数，为保证系统的鲁棒性，控制器中的控制参数应随系统工况的变化而动态波动；等等。

阶跃响应曲线相对于正弦响应曲线，可更直观地表征液压驱动单元系统伺服缸活塞杆动作的超调量、快速性和稳态精度，以位移阶跃响应曲线评价液压驱动单元位置控制系统的动态特性。分别给定 2mm、5mm 和 10mm 位移阶跃，空载、加载 500N 和 1000N 时液压驱动单元位置控制系统的仿真曲线如图 4.1 所示。

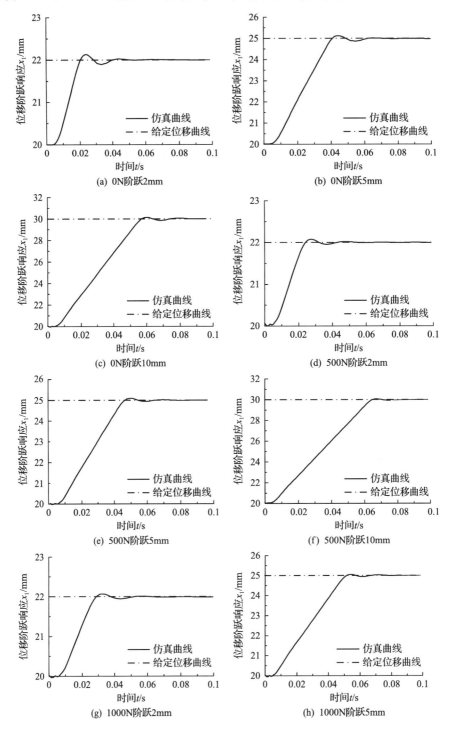

(a) 0N阶跃2mm

(b) 0N阶跃5mm

(c) 0N阶跃10mm

(d) 500N阶跃2mm

(e) 500N阶跃5mm

(f) 500N阶跃10mm

(g) 1000N阶跃2mm

(h) 1000N阶跃5mm

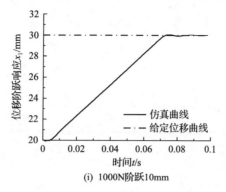

(i) 1000N阶跃10mm

图 4.1　不同加载力下位移阶跃响应仿真曲线

4.1.2　一阶轨迹灵敏度函数

一阶轨迹灵敏度方程组(3.9)是含有时变系数项和时变自由项的一阶线性非齐次微分方程组,有 $m \times (p+1)$ 个表达式待求解(m 个状态方程表达式以及 $m \times p$ 个一阶轨迹灵敏度方程表达式),这里更关注液压驱动单元系统的位置控制特性,因此只研究伺服缸活塞杆位移 x_1 对参数矢量 α 的灵敏度。

由式(3.22)可知,要想得到各参数变化引起活塞杆位移 x_1 的变化,必须先求解出一阶轨迹灵敏度函数 λ_{1f}^i。利用精度较高的四阶/五阶龙格-库塔(Runge-Kutta)算法,在 MATLAB 软件中进行编程,基于一阶轨迹灵敏度方程组(3.9),液压驱动单元位置控制系统的仿真模型以及计算出的一阶轨迹灵敏度方程组系数项矩阵和自由项矩阵进行联合求解,可得到空载情况下液压驱动单元位移阶跃为 2mm 时的活塞杆位移 x_1 对参数 α_i 的一阶轨迹灵敏度函数 λ_{1f}^i 时程曲线,如图 4.2 所示。

从图 4.2 中可以看出,除伺服缸内泄漏系数 α_6 和有效体积模量 α_{10} 在整个采样时间内都对系统输出产生影响外,其余 14 个参数均在系统的动态调整时间内影响较大,这说明系统大部分参数主要影响系统的动态性能,对稳态性能的影响相对较小。对于伺服缸内泄漏系数 α_6,该参数的改变会引起系统高压腔流量至低压

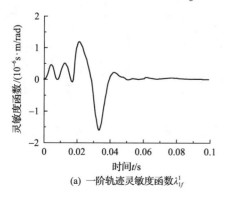

(a) 一阶轨迹灵敏度函数 λ_{1f}^1

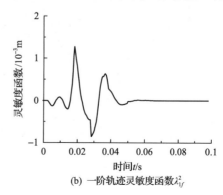

(b) 一阶轨迹灵敏度函数 λ_{1f}^2

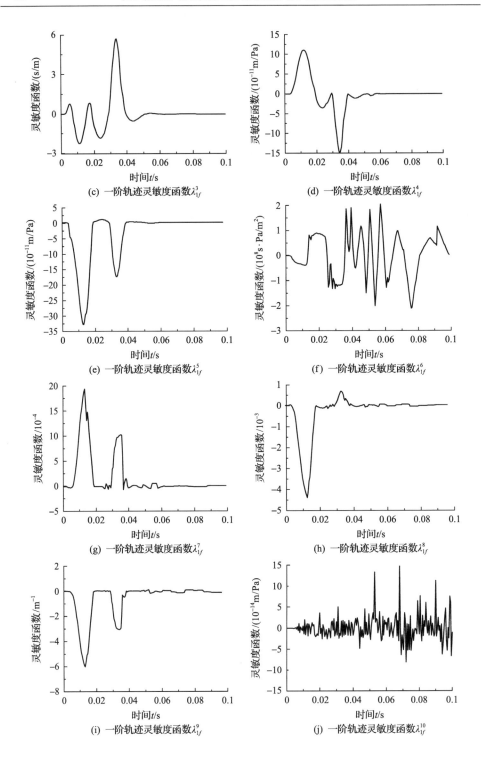

(c) 一阶轨迹灵敏度函数λ_{1f}^3

(d) 一阶轨迹灵敏度函数λ_{1f}^4

(e) 一阶轨迹灵敏度函数λ_{1f}^5

(f) 一阶轨迹灵敏度函数λ_{1f}^6

(g) 一阶轨迹灵敏度函数λ_{1f}^7

(h) 一阶轨迹灵敏度函数λ_{1f}^8

(i) 一阶轨迹灵敏度函数λ_{1f}^9

(j) 一阶轨迹灵敏度函数λ_{1f}^{10}

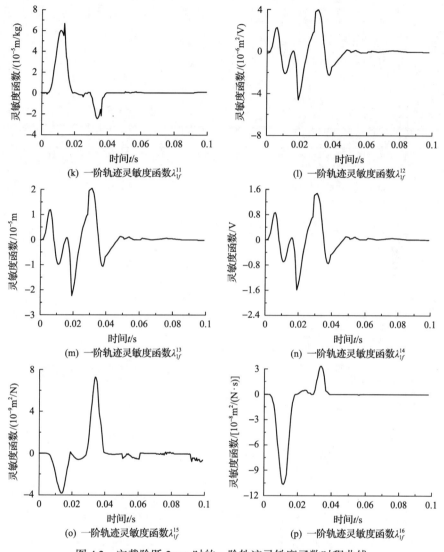

图 4.2　空载阶跃 2mm 时的一阶轨迹灵敏度函数时程曲线

腔流量的变化，从而导致伺服缸两腔压力的变化，同样有效体积模量 α_{10} 的变化也会引起伺服缸两腔压力的变化，因此这 2 个参数都会影响系统的稳态性能，而其余参数的变化对系统状态变量的影响相对较小。

　　同理，可求解出 4.1.1 节中涉及的其他 8 种典型工况下的一阶轨迹灵敏度函数曲线，由于篇幅所限，相应的灵敏度函数曲线不再一一列出。

4.1.3　二阶轨迹灵敏度函数

　　空载阶跃 2mm 时的二阶轨迹灵敏度函数时程曲线如图 4.3 所示。

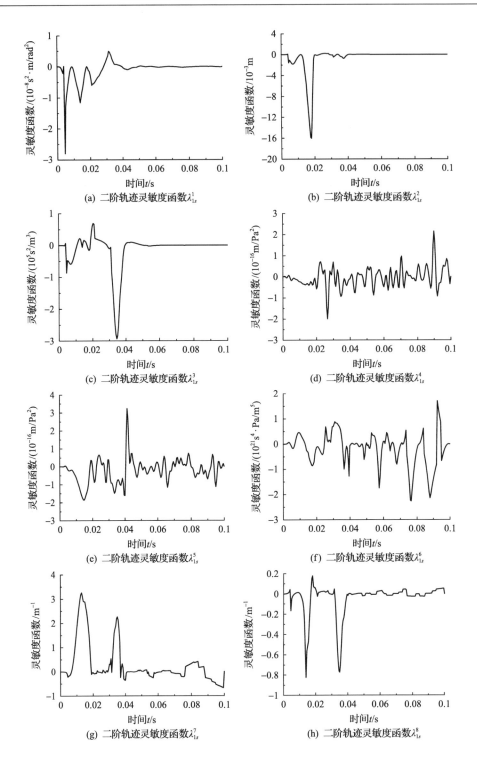

(a) 二阶轨迹灵敏度函数 λ_{1s}^1

(b) 二阶轨迹灵敏度函数 λ_{1s}^2

(c) 二阶轨迹灵敏度函数 λ_{1s}^3

(d) 二阶轨迹灵敏度函数 λ_{1s}^4

(e) 二阶轨迹灵敏度函数 λ_{1s}^5

(f) 二阶轨迹灵敏度函数 λ_{1s}^6

(g) 二阶轨迹灵敏度函数 λ_{1s}^7

(h) 二阶轨迹灵敏度函数 λ_{1s}^8

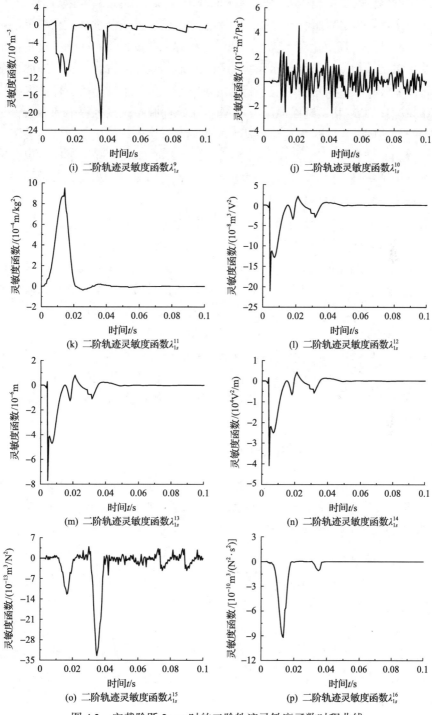

图 4.3　空载阶跃 2mm 时的二阶轨迹灵敏度函数时程曲线

可以看出，系统供油压力 α_4、系统回油压力 α_5、伺服缸内泄漏系数 α_6、有效体积模量 α_{10} 和负载刚度 α_{15}，这 5 个参数的二阶轨迹灵敏度函数在系统采样时间内均有波动，则其变化对系统动态调整过程和稳态过程均有影响。这是由于以上 5 个参数的动态变化均会打破系统的稳定状态。具体来说，伺服缸内泄漏系数 α_6 和有效体积模量 α_{10} 对系统稳态特性的影响与一阶灵敏度分析所得结果相近，而系统供油压力 α_4 和系统回油压力 α_5 作为系统伺服阀流量方程中的参数，其变化会引起伺服阀输出流量的变化，从而导致伺服缸两腔压力的变化，打破了系统原有的受力平衡状态，负载刚度 α_{15} 的变化同样会影响系统受力平衡，因此即使在系统受力平衡且稳定时，这 3 个参数的变化也会对系统产生影响，这一结论在一阶灵敏度分析结果中体现不明显。

其余参数，即伺服阀固有频率 α_1、伺服阀阻尼比 α_2、折算流量系数 α_3、伺服缸活塞总行程 α_7、伺服缸活塞初始位置 α_8、伺服缸活塞有效面积 α_9、折算到伺服缸活塞杆上的总质量 α_{11}、位移传感器增益 α_{12}、比例增益 α_{13}、伺服阀增益 α_{14}、负载刚度 α_{15} 和黏性阻尼系数 α_{16} 的二阶轨迹灵敏度函数仅在位移阶跃响应调整时间内变化，且大部分变化发生在位移阶跃响应曲线的波峰或波谷处，对其稳态特性影响较小。

图 4.3 中只列出了空载且位移阶跃为 2mm 时各参数的二阶轨迹灵敏度函数曲线，其余 8 种工况下各参数的二阶轨迹灵敏度函数使用同样的计算方法也可求得，限于篇幅，本节不一一列出，其余工况下所得出的结论与上述结论基本一致。

4.1.4　二阶泰勒级数展开项所占比例

4.1.3 节中求得了二阶轨迹灵敏度函数，求得伺服缸活塞杆位移变化 Δx_1 的二阶泰勒级数展开，继而可得到参数变化引起的活塞杆位移变化 Δx_1 相对其位移阶跃量的理想稳态值 x_{1s} 的百分比表达式为

$$\frac{\Delta x_1}{x_{1s}} \times 100\% = \frac{\lambda_{1f}^i \cdot \Delta \alpha_i + \frac{1}{2} \lambda_{1s}^i \cdot \Delta \alpha_i^2}{x_{1s}} \times 100\% \qquad (4.5)$$

为说明二阶泰勒级数展开项所占比例随系统参数变化量的关系，研究空载位移阶跃 2mm 且各参数变化 1%、10%以及 20%时，液压驱动单元位置控制系统参数变化 $\Delta \alpha$ 引起系统活塞杆位移 x_1 变化的百分比时程对比曲线如图 4.4～图 4.19 所示。

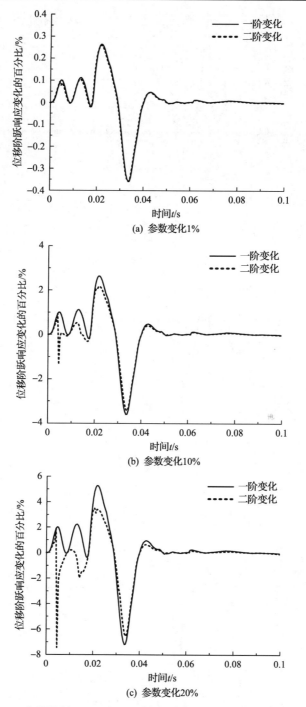

(a) 参数变化1%

(b) 参数变化10%

(c) 参数变化20%

图 4.4　空载阶跃 2mm 时 $\Delta\alpha_1$ 引起 x_1 变化的百分比时程对比曲线

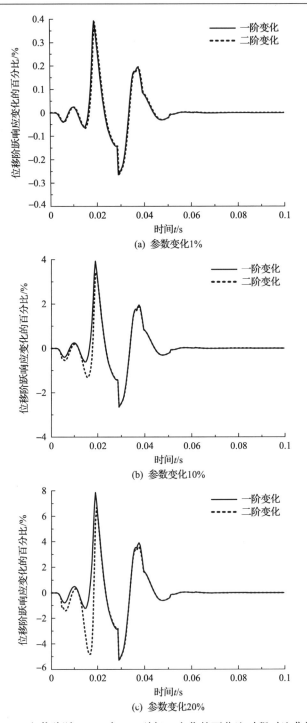

图 4.5　空载阶跃 2mm 时 $\Delta\alpha_2$ 引起 x_1 变化的百分比时程对比曲线

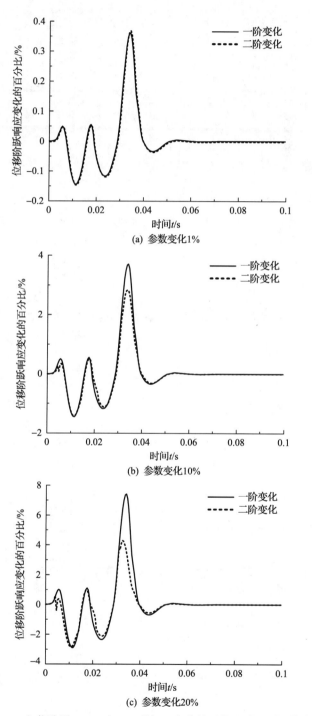

(a) 参数变化1%

(b) 参数变化10%

(c) 参数变化20%

图 4.6　空载阶跃 2mm 时 $\Delta\alpha_3$ 引起 x_1 变化的百分比时程对比曲线

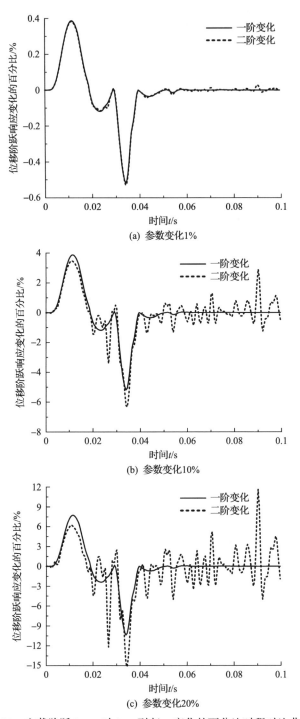

图 4.7　空载阶跃 2mm 时 $\Delta\alpha_4$ 引起 x_1 变化的百分比时程对比曲线

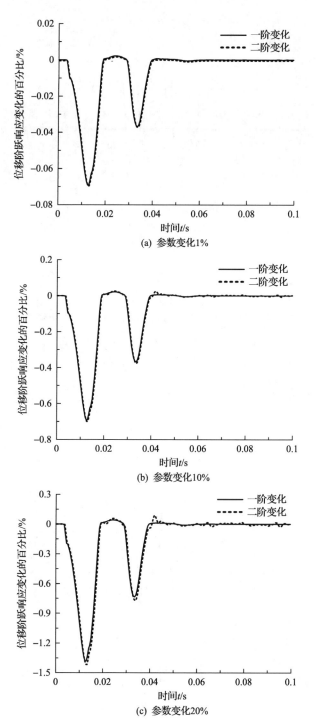

(a) 参数变化1%

(b) 参数变化10%

(c) 参数变化20%

图 4.8　空载阶跃 2mm 时 $\Delta\alpha_5$ 引起 x_1 变化的百分比时程对比曲线

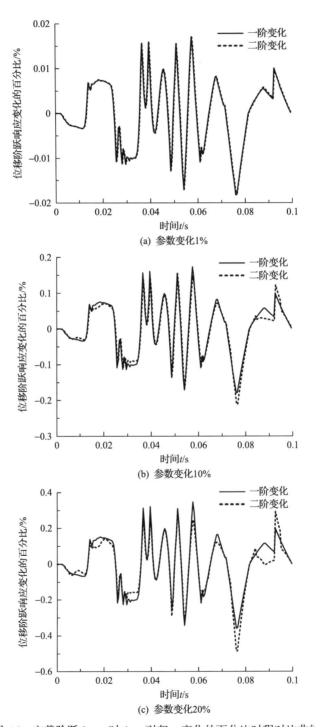

(a) 参数变化1%

(b) 参数变化10%

(c) 参数变化20%

图 4.9　空载阶跃 2mm 时 $\Delta\alpha_6$ 引起 x_1 变化的百分比时程对比曲线

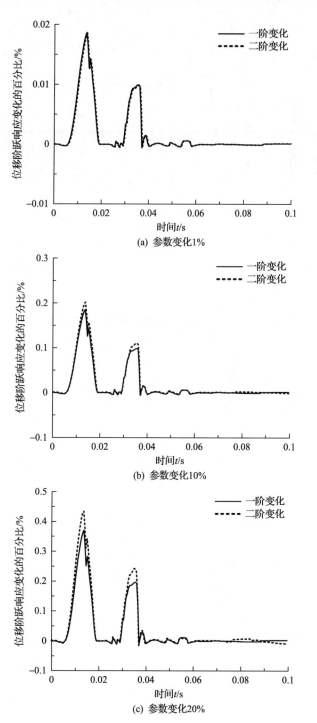

图 4.10　空载阶跃 2mm 时 $\Delta\alpha_7$ 引起 x_1 变化的百分比时程对比曲线

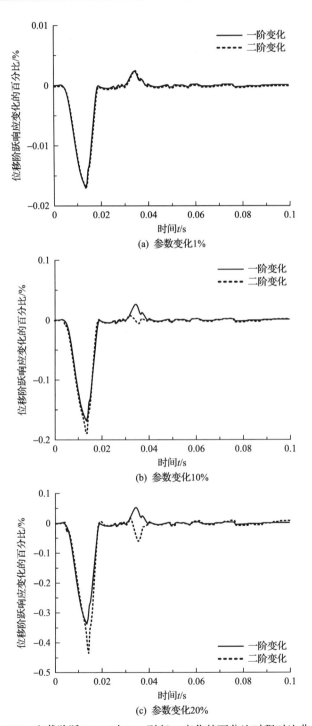

(a) 参数变化1%

(b) 参数变化10%

(c) 参数变化20%

图 4.11 空载阶跃 2mm 时 $\Delta\alpha_8$ 引起 x_1 变化的百分比时程对比曲线

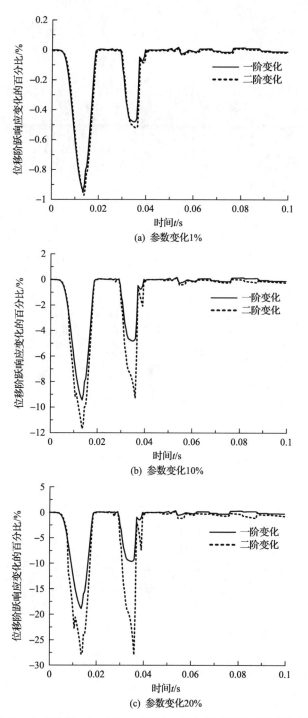

(a) 参数变化1%

(b) 参数变化10%

(c) 参数变化20%

图 4.12　空载阶跃 2mm 时 $\Delta\alpha_9$ 引起 x_1 变化的百分比时程对比曲线

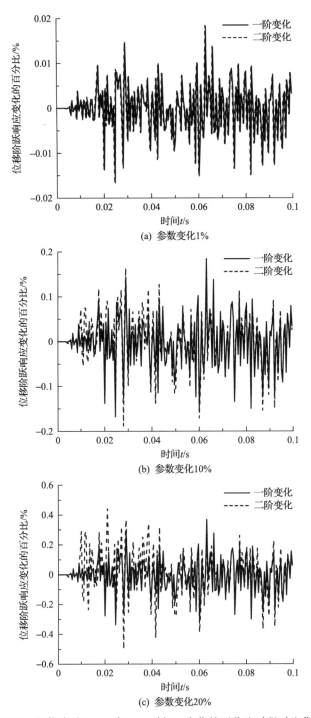

(a) 参数变化1%

(b) 参数变化10%

(c) 参数变化20%

图 4.13　空载阶跃 2mm 时 $\Delta\alpha_{10}$ 引起 x_1 变化的百分比时程对比曲线

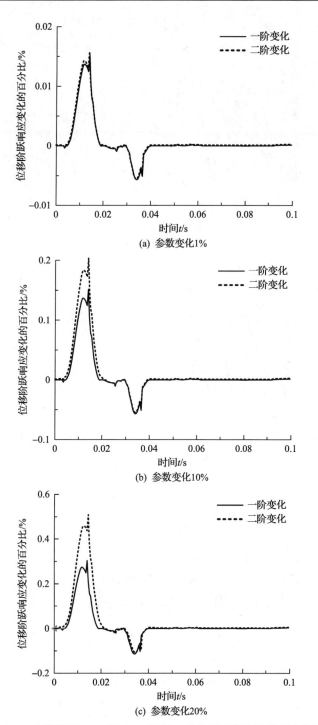

图 4.14　空载阶跃 2mm 时 $\Delta\alpha_{11}$ 引起 x_1 变化的百分比时程对比曲线

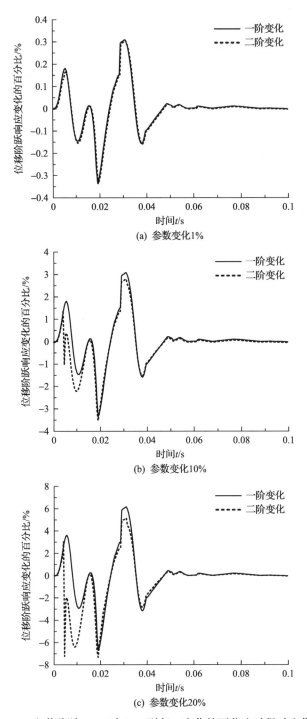

(a) 参数变化1%

(b) 参数变化10%

(c) 参数变化20%

图 4.15　空载阶跃 2mm 时 $\Delta\alpha_{12}$ 引起 x_1 变化的百分比时程对比曲线

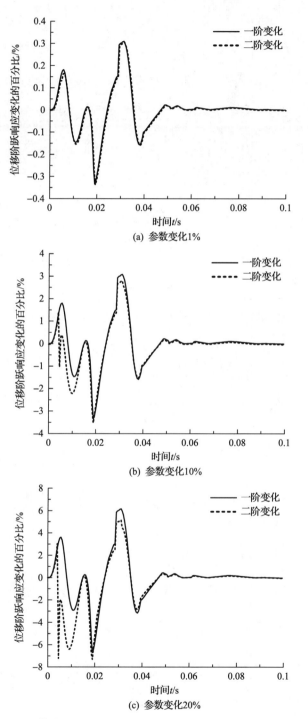

图 4.16　空载阶跃 2mm 时 $\Delta\alpha_{13}$ 引起 x_1 变化的百分比时程对比曲线

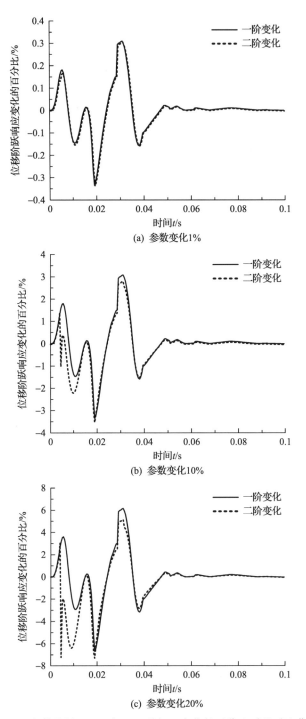

(a) 参数变化1%

(b) 参数变化10%

(c) 参数变化20%

图 4.17　空载阶跃 2mm 时 $\Delta\alpha_{14}$ 引起 x_1 变化的百分比时程对比曲线

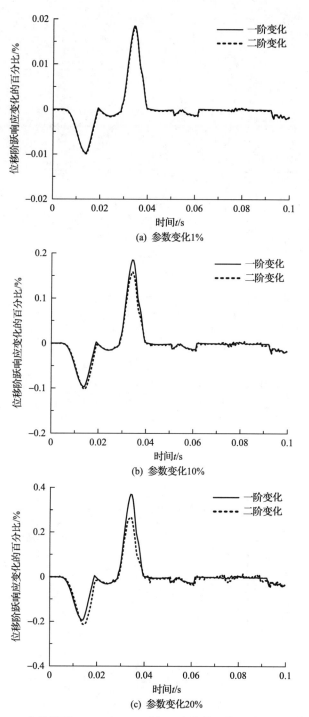

图 4.18　空载阶跃 2mm 时 $\Delta\alpha_{15}$ 引起 x_1 变化的百分比时程对比曲线

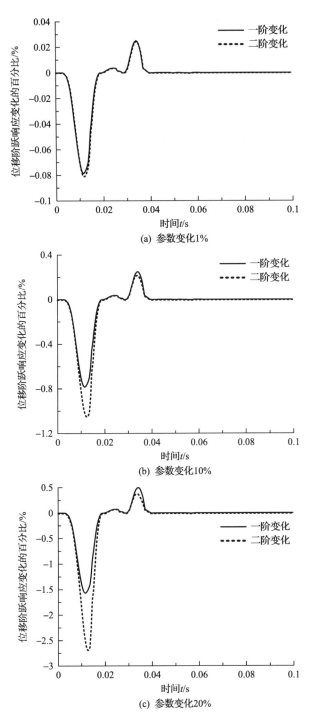

(a) 参数变化1%

(b) 参数变化10%

(c) 参数变化20%

图 4.19　空载阶跃 2mm 时 $\Delta\alpha_{16}$ 引起 x_1 变化的百分比时程对比曲线

从图 4.4～图 4.19 可以看出，当各个参数变化量不同时，系统二阶泰勒级数展开项对伺服缸活塞杆位移阶跃响应变化量所占比例不同，当系统参数变化的百分比增大时，二阶泰勒级数展开项所占比例随之增大。

当各参数变化量较小（如 1%）时，系统二阶泰勒级数展开项对伺服缸活塞杆位移阶跃响应变化量所占比例很小，一般可以忽略；当参数变化量较大，特别是参数变化量达到 20% 时，系统二阶泰勒级数展开项对伺服缸活塞杆位移阶跃响应变化量所占比例较大，绝大部分参数都不应忽略二阶泰勒级数展开项的影响。

该仿真结论和 4.1.1 节的理论证明结论相吻合。对于其余 8 种工况下二阶泰勒级数展开项的影响，也可得到与本工况相同的结论。

4.1.5　一阶灵敏度矩阵

根据 4.1.3 节，参数矢量变化 $\Delta\boldsymbol{\alpha}$ 引起伺服缸活塞杆位移的变化量 Δx_1 可表示为

$$\Delta x_1 = -\boldsymbol{S}_\alpha \cdot \Delta\boldsymbol{\alpha} + 高阶项 = \sum_{i=1}^{16}\left(\lambda_{1f}^i \cdot \Delta\alpha_i\right) + 高阶项 \tag{4.6}$$

由式（4.6）可知，$-\boldsymbol{S}_\alpha$ 的第一行 1×16 个元素，对应于 16 个参数的一阶轨迹灵敏度函数 λ_{1f}^i。在 MATLAB 软件中编程进行矩阵运算，基于一阶矩阵灵敏度方程组、液压驱动单元位置控制系统的仿真模型以及一阶灵敏度矩阵数学表达式进行联合求解，可以得到 $-\boldsymbol{S}_\alpha$ 的第一行 1×16 个元素，如图 4.20 所示。

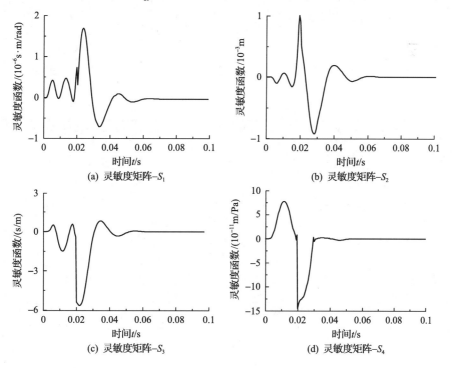

(a) 灵敏度矩阵-S_1　　　　(b) 灵敏度矩阵-S_2

(c) 灵敏度矩阵-S_3　　　　(d) 灵敏度矩阵-S_4

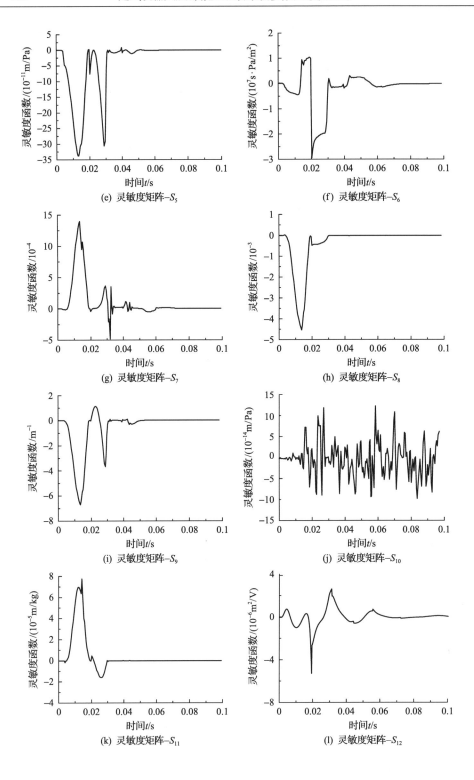

(e) 灵敏度矩阵-S_5

(f) 灵敏度矩阵-S_6

(g) 灵敏度矩阵-S_7

(h) 灵敏度矩阵-S_8

(i) 灵敏度矩阵-S_9

(j) 灵敏度矩阵-S_{10}

(k) 灵敏度矩阵-S_{11}

(l) 灵敏度矩阵-S_{12}

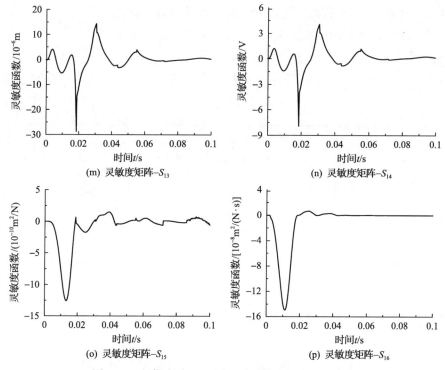

图 4.20　空载阶跃 2mm 时一阶灵敏度矩阵时程曲线

由图 4.20 可以看出，2 种一阶灵敏度分析方法基于 2 种完全不同的数学计算方法，参数 α_4、α_6 和 α_{15} 的一阶轨迹灵敏度函数和一阶灵敏度矩阵有一定偏差，但其余参数得到的系统各参数灵敏度动态变化规律相同、变化数值相近，可认为两者的数值偏差是由求解微分方程和进行矩阵运算的算法不同而导致的计算误差，具体定量地研究这些偏差的大小将在后面进行。同理，可求解出其他位移阶跃量及加载情况时 8 种工况下的灵敏度矩阵曲线，由于篇幅所限，不再一一列出，其余 8 种工况下 2 种一阶灵敏度分析方法得到的各参数灵敏度曲线同样十分相近，说明了上述工况下 2 种一阶灵敏度分析方法适用于液压驱动单元液压驱动系统，其得到的分析结论十分相近。

4.2　位置控制灵敏度定量分析

4.2.1　灵敏度指标

图 4.3 中二阶轨迹灵敏度函数时程曲线与图 4.20 中一阶灵敏度矩阵时程曲线描述了参数矢量 $\boldsymbol{\alpha}$ 对状态变量 $\boldsymbol{x}$ 影响的动态变化过程，为了更加直观地量化参数

矢量 $\boldsymbol{\alpha}$ 对状态变量 $\boldsymbol{x}$ 的影响程度，本节定义两种灵敏度指标。

对于液压驱动单元系统位移阶跃响应特性，给定位移和初始位移均为恒值，因此采用活塞杆位移变化量 Δx_1 相对于给定位移与初始位移差值（该差值为位移阶跃量 x_{1s}）的百分比来衡量各个参数变化对活塞杆位移 x_1 的影响程度。忽略式 (3.12) 中的高阶项，该百分比的表达式为

$$\frac{\Delta x_1}{x_{1s}} \times 100\% = \frac{\lambda_{1f}^i \cdot \Delta \alpha_i}{x_{1s}} \times 100\% = \frac{-\boldsymbol{S}_\alpha^1 \cdot \Delta \alpha_i}{x_{1s}} \times 100\% \tag{4.7}$$

把该百分比的最大值作为第 1 项灵敏度指标 S_1（以下简称灵敏度指标 1），其表达式为

$$S_1 = \left. \frac{|\Delta x_1|}{x_{1s}} \right|_{\max} \times 100\% = \left. \frac{\left| \lambda_{1f}^i \right| \cdot \Delta \alpha_i}{x_{1s}} \right|_{\max} \times 100\% = \left. \frac{\left| -\boldsymbol{S}_\alpha^1 \right| \cdot \Delta \alpha_i}{x_{1s}} \right|_{\max} \times 100\% \tag{4.8}$$

式中，$\boldsymbol{S}_\alpha^1$ 的上角标 1 表征一阶灵敏度矩阵 $\boldsymbol{S}_\alpha$ 的第 1 行元素，即与活塞杆位移 x_1 相关的那一行矩阵元素。

同样，为衡量在采样时间内各参数变化对 Δx_1 影响的总体程度，把 $\left| \lambda_{1f}^i \right| \cdot \Delta \alpha_i$ 和 $\left| \boldsymbol{S}_\alpha^1 \right| \cdot \Delta \alpha_i$ 对采样时间 t_1 积分作为第 2 项灵敏度指标 S_2（以下简称灵敏度指标 2），其表达式为

$$S_2 = \int_0^{t_1} \left| \lambda_{1f}^i \right| \cdot \Delta \alpha_i \, \mathrm{d}t = \int_0^{t_1} \left| \boldsymbol{S}_\alpha^1 \right| \cdot \Delta \alpha_i \, \mathrm{d}t \tag{4.9}$$

通过分析各参数以上两项灵敏度指标，便可更清晰、有效地量化各参数变化对伺服缸活塞杆位移 x_1 的影响程度。

4.2.2 空载一阶灵敏度分析

在各参数变化 10% 的情况下，液压驱动单元位置控制系统空载且位移阶跃为 2mm、5mm 和 10mm 时，根据式 (3.12) 计算出的基于 2 种一阶灵敏度计算方法的参数矢量变化 $\Delta \boldsymbol{\alpha}$ 引起伺服缸活塞杆位移 x_1 变化的百分比时程曲线如图 4.21 和图 4.22 所示。

图 4.21 和图 4.22 反映了空载工况下系统各参数变化 10% 对位移阶跃响应的动态影响。根据式 (4.5) 与式 (4.6)，2 种一阶灵敏度分析方法得到的各参数灵敏度指标柱形图如图 4.23 所示。

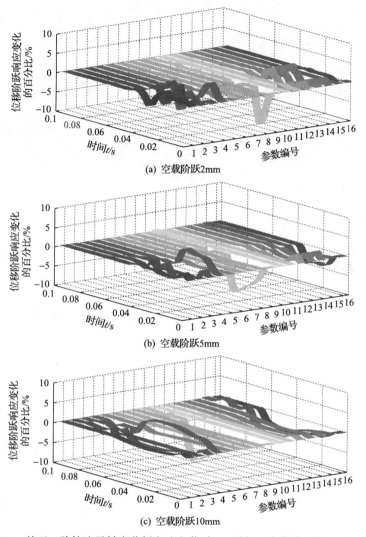

(a) 空载阶跃2mm

(b) 空载阶跃5mm

(c) 空载阶跃10mm

图 4.21　基于一阶轨迹灵敏度分析方法空载时 Δa 引起 x_1 变化的百分比时程曲线

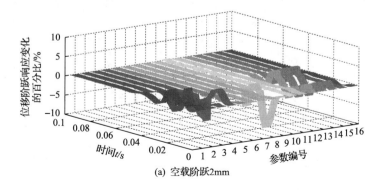

(a) 空载阶跃2mm

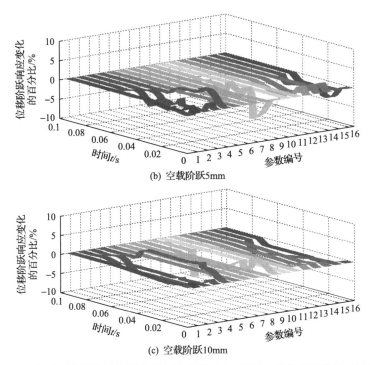

(b) 空载阶跃5mm

(c) 空载阶跃10mm

图 4.22 基于一阶矩阵灵敏度分析方法空载时 $\Delta\alpha$ 引起 x_1 变化的百分比时程曲线

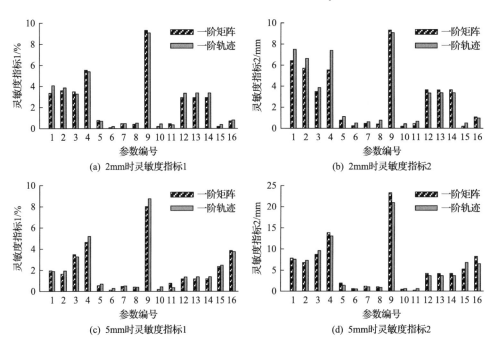

(a) 2mm时灵敏度指标1

(b) 2mm时灵敏度指标2

(c) 5mm时灵敏度指标1

(d) 5mm时灵敏度指标2

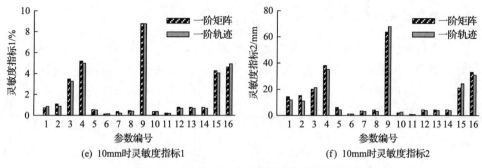

(e) 10mm时灵敏度指标1　　　　　　　　　(f) 10mm时灵敏度指标2

图 4.23　空载时各参数灵敏度指标柱形图

可以看出，在空载时一阶矩阵灵敏度分析方法与一阶轨迹灵敏度分析方法所得到的两项灵敏度指标基本吻合。对比各参数灵敏度指标可以看出，空载时，随位移阶跃量的增大，各参数的变化对伺服缸活塞杆位移 x_1 的影响如下：

系统回油压力 α_5、伺服缸内泄漏系数 α_6、伺服缸活塞杆总行程 α_7、伺服缸活塞杆初始位置 α_8、有效体积模量 α_{10} 和折算到伺服缸活塞杆上的总质量 α_{11} 的灵敏度指标 1 在柱形图中相对于纵坐标轴所占的比例(以下简称灵敏度指标 1 所占比例)很小，且数值均在 1%以内，灵敏度指标 2 在柱形图中相对于纵坐标轴所占的比例(以下简称灵敏度指标 2 所占比例)也很小，可知上述参数对伺服缸活塞杆位移 x_1 影响很小。

折算流量系数 α_3、系统供油压力 α_4 和伺服缸活塞杆有效面积 α_9 的两项灵敏度指标所占比例基本不变，且变化规律相同。其灵敏度指标 1 数值分别在 3%、5%和 9%左右，灵敏度指标 2 所占比例基本保持不变。从两项灵敏度指标大小与所占比例可知，上述参数对伺服缸活塞杆位移 x_1 的影响较大。

位移传感器增益 α_{12}、比例增益 α_{13} 和伺服阀增益 α_{14} 这 3 个参数对伺服缸活塞杆位移 x_1 的影响相同。伺服阀固有频率 α_1 和阻尼比 α_2 在位移阶跃量较小时，其两项灵敏度指标所占比例较大。上述 5 个参数的两项灵敏度指标所占比例与位移阶跃量近似呈反比关系。在位移阶跃为 2mm 时，参数 α_1、α_2 的灵敏度指标 1 数值在 4%左右，参数 α_{12}、α_{13}、α_{14} 的灵敏度指标 1 所占比例较参数 α_1、α_2 略小。

负载刚度 α_{15} 和黏性阻尼系数 α_{16} 的两项灵敏度指标所占比例近似，且均随位移阶跃量的增大而增大。在位移阶跃为 2mm 时，负载刚度 α_{15} 灵敏度指标 1 数值在 1%以内，黏性阻尼系数 α_{16} 灵敏度指标 1 数值在 2%以内；在位移阶跃为 5mm 时，负载刚度 α_{15} 和黏性阻尼系数 α_{16} 的灵敏度指标 1 数值分别为 3%和 4%左右；在位移阶跃 10mm 时，负载刚度 α_{15} 和黏性阻尼系数 α_{16} 的灵敏度指标 1 数值分别为 4%和 5%左右。

4.2.3 加载一阶灵敏度分析

在加载 500N 和 1000N，对应阶跃位移为 2mm、5mm 和 10mm 这 6 种典型工况下，使用一阶轨迹灵敏度分析方法与一阶矩阵灵敏度分析方法可以得到在系统各参数变化 10%的情况下，参数矢量变化 $\Delta \boldsymbol{a}$ 引起伺服缸活塞杆位移 x_1 变化的百分比时程曲线如图 4.24～图 4.27 所示。

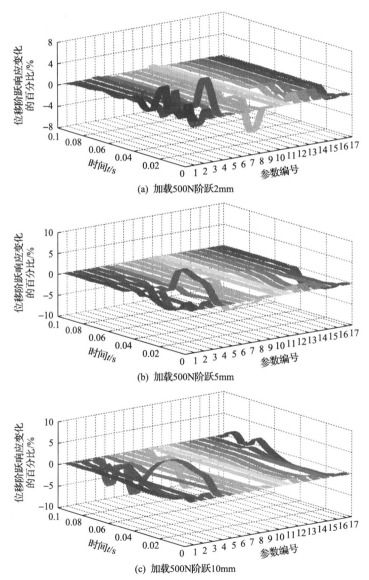

(a) 加载500N阶跃2mm

(b) 加载500N阶跃5mm

(c) 加载500N阶跃10mm

图 4.24   基于一阶轨迹灵敏度分析方法加载 500N 时 $\Delta \boldsymbol{a}$ 引起 x_1 变化的百分比时程曲线

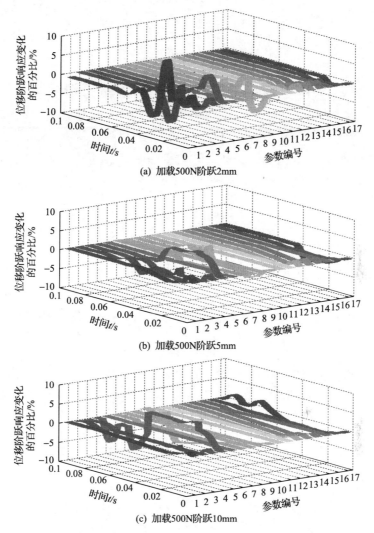

(a) 加载500N阶跃2mm

(b) 加载500N阶跃5mm

(c) 加载500N阶跃10mm

图 4.25　基于一阶矩阵灵敏度分析方法加载 500N 时 $\Delta \boldsymbol{\alpha}$ 引起 x_1 变化的百分比时程曲线

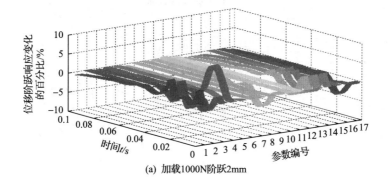

(a) 加载1000N阶跃2mm

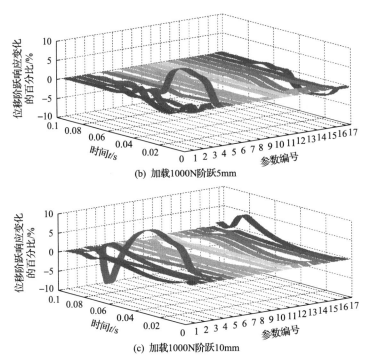

(b) 加载1000N阶跃5mm

(c) 加载1000N阶跃10mm

图 4.26　基于一阶轨迹灵敏度分析方法加载 1000N 时 Δa 引起 x_1 变化的百分比时程曲线

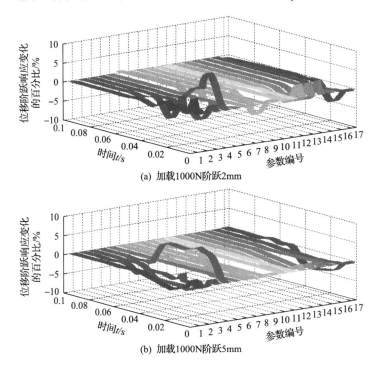

(a) 加载1000N阶跃2mm

(b) 加载1000N阶跃5mm

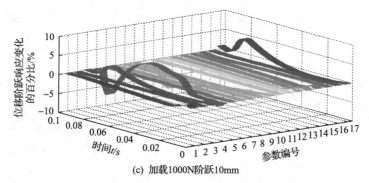

(c) 加载1000N阶跃10mm

图 4.27　基于一阶矩阵灵敏度分析方法加载 1000N 时 $\Delta\alpha$ 引起 x_1 变化的百分比时程曲线

根据式(3.3)和式(3.4)，可计算得出 2 种一阶灵敏度分析方法在加载 500N 和加载 1000N 情况下各参数两项灵敏度指标对比柱形图，如图 4.28 和图 4.29 所示。

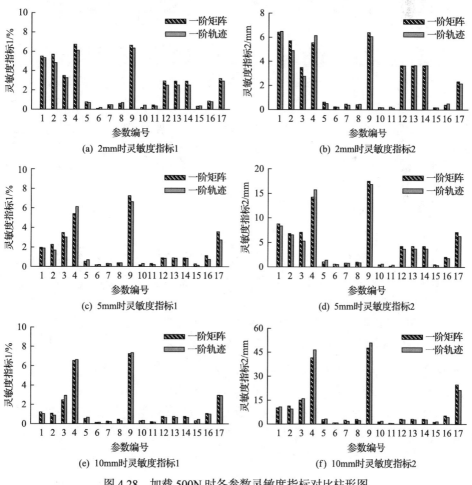

图 4.28　加载 500N 时各参数灵敏度指标对比柱形图

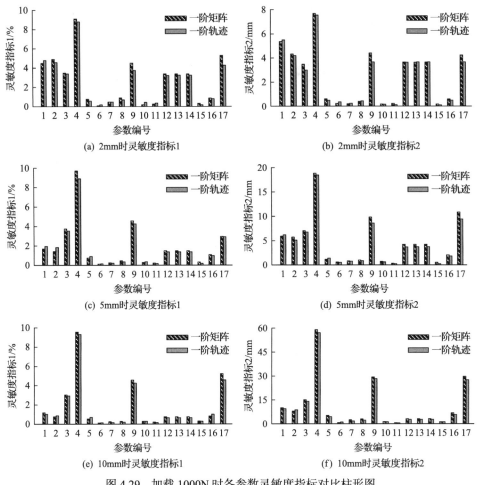

(a) 2mm时灵敏度指标1　　　　　　　　　　(b) 2mm时灵敏度指标2

(c) 5mm时灵敏度指标1　　　　　　　　　　(d) 5mm时灵敏度指标2

(e) 10mm时灵敏度指标1　　　　　　　　　(f) 10mm时灵敏度指标2

图 4.29　加载 1000N 时各参数灵敏度指标对比柱形图

可以看出，在外负载力为 500N 和 1000N，位移阶跃为 2mm、5mm 和 10mm 时，使用 2 种一阶灵敏度分析方法所得出的各参数两项灵敏度指标数值相近且变化规律相同，这一结论与空载时相同。

在 500N 和 1000N 两种外负载力情况下，系统大部分参数对伺服缸活塞杆位移 x_1 的影响与空载时的分析结论相近，具体来说，系统回油压力 α_5、伺服缸内泄漏系数 α_6、伺服缸活塞杆总行程 α_7、伺服缸活塞杆初始位置 α_8、有效体积模量 α_{10}、折算到伺服缸活塞杆上的总质量 α_{11}、负载刚度 α_{15} 的灵敏度指标 1 数值均在 1%以内，灵敏度指标 2 所占比例也很小，可知上述参数对伺服缸活塞杆位移 x_1 的影响很小。特别地，对于负载刚度 α_{15} 和黏性阻尼系数 α_{16}，其两项灵敏度指标所占比例不再随着位移阶跃量的增大而增大，而是基本保持不变。

伺服阀固有频率 α_1、伺服阀阻尼比 α_2、折算流量系数 α_3、系统供油压力 α_4、伺服缸活塞杆有效面积 α_9 、位移传感器增益 α_{12} 、比例增益 α_{13} 和伺服阀增益 α_{14} 的两项灵敏度指标的变化规律与空载时这些参数的灵敏度的分析结论相近。可以看出，系统供油压力 α_4 的两项灵敏度指标所占比例均随外负载力的增大而增大，在外负载力为 500N 时，其灵敏度指标 1 数值为 6% 左右，而在外负载力变为 1000N 时，其两项灵敏度指标均已超过其他参数，成为对伺服缸活塞杆位移 x_1 影响最大的参数；参数 α_9 的两项灵敏度指标所占比例均随外负载力的增大而减小，在外负载力为 500N 时，与参数 α_4 的两项灵敏度指标相近，在外负载力为 1000N 时，其灵敏度指标 1 数值已经小于 5%；其余参数的两项灵敏度指标所占比例不再随外负载力 F 的增加而发生显著变化。

另外，外负载力 α_{17} 的两项灵敏度指标变化规律相同。在相同加载情况下，随着位移阶跃的增加两项灵敏度指标所占比例无显著变化；加载力增大，两项灵敏度指标所占比例随之增大，其中加载 500N 的灵敏度指标 1 数值在 3% 左右，加载 1000N 的灵敏度指标 1 数值接近 5%。

4.2.4　空载二阶灵敏度分析

二阶轨迹灵敏度分析方法相对于一阶引入了二阶项，因此其两项灵敏度指标可表示为

$$S_1 = \frac{\Delta x_1}{x_{1s}}\bigg|_{\max} \times 100\% = \frac{\left|\lambda_{1f}^i \cdot \Delta \alpha_i + \frac{1}{2}\lambda_{1s}^i \cdot \Delta \alpha_i^2\right|}{x_{1s}}\bigg|_{\max} \times 100\% \qquad (4.10)$$

$$S_2 = \int_0^{t_1} \left|\lambda_{1f}^i \cdot \Delta \alpha_i + \frac{1}{2}\lambda_{1s}^i \cdot \Delta \alpha_i^2\right| \mathrm{d}t \qquad (4.11)$$

根据式 (4.10) 和式 (4.11)，可计算出在参数变化 1%、10% 和 20% 的情况下，空载且活塞杆位移阶跃为 2mm、5mm 和 10mm 时各参数的两项灵敏度指标。为研究其与一阶灵敏度分析方法的异同点，将一阶轨迹灵敏度分析方法与二阶轨迹灵敏度分析方法得到的系统各参数的两项灵敏度对比柱形图合并，如图 4.30～图 4.32 所示。

由图 4.30～图 4.32 可以看出，当使用一阶轨迹灵敏度分析方法时，随着参数变化量的增加，各参数两项灵敏度指标值呈线性增加，即各参数变化量与各参数两项灵敏度指标值呈正比关系，而使用二阶轨迹灵敏度分析方法时，各参数变化量与各参数两项灵敏度指标值不再呈线性变化关系，是由系统二阶泰勒级数展开式决定的。

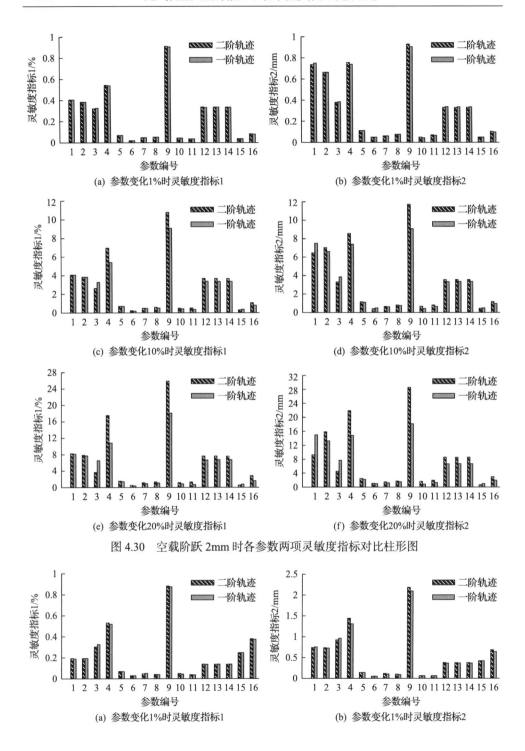

(a) 参数变化1%时灵敏度指标1　　　　(b) 参数变化1%时灵敏度指标2

(c) 参数变化10%时灵敏度指标1　　　　(d) 参数变化10%时灵敏度指标2

(e) 参数变化20%时灵敏度指标1　　　　(f) 参数变化20%时灵敏度指标2

图 4.30　空载阶跃 2mm 时各参数两项灵敏度指标对比柱形图

(a) 参数变化1%时灵敏度指标1　　　　(b) 参数变化1%时灵敏度指标2

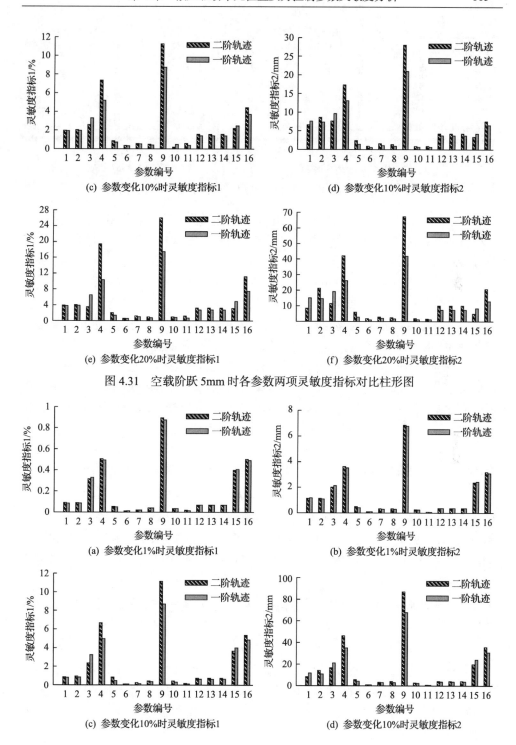

(c) 参数变化10%时灵敏度指标1

(d) 参数变化10%时灵敏度指标2

(e) 参数变化20%时灵敏度指标1

(f) 参数变化20%时灵敏度指标2

图 4.31　空载阶跃 5mm 时各参数两项灵敏度指标对比柱形图

(a) 参数变化1%时灵敏度指标1

(b) 参数变化1%时灵敏度指标2

(c) 参数变化10%时灵敏度指标1

(d) 参数变化10%时灵敏度指标2

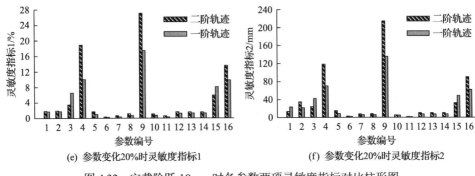

(e) 参数变化20%时灵敏度指标1　　(f) 参数变化20%时灵敏度指标2

图 4.32　空载阶跃 10mm 时各参数两项灵敏度指标对比柱形图

对于空载时不同的位移阶跃，无论参数变化量为多少，使用二阶轨迹灵敏度分析方法所得出的各个参数两项灵敏度指标的变化规律与一阶灵敏度所得出的变化规律相似，各参数两项灵敏度指标在考虑二阶泰勒级数展开项之后所占比例相对于只考虑一阶泰勒级数展开项所占比例未发生显著变化，即在空载时，使用二阶轨迹灵敏度分析方法求得某一位移阶跃时各参数的两项灵敏度指标后，结合各参数一阶灵敏度在不同位移阶跃时的变化规律与数值，可以近似确定在其他位移阶跃使用二阶轨迹灵敏度分析方法时各参数的两项灵敏度指标。

根据上述结论，为研究空载不同位移阶跃在不同参数变化量时，使用二阶轨迹灵敏度分析方法与使用一阶轨迹灵敏度分析方法各参数灵敏度的变化情况，只需研究在某一位移阶跃时，针对不同参数变化量，各参数灵敏度的变化规律与数值。下面研究空载位移阶跃 5mm 时各参数灵敏度的变化规律与数值，以说明随着参数变化量的不同，使用二阶轨迹灵敏度分析方法与使用一阶轨迹灵敏度分析方法所得结果的异同。系统各参数在空载工况下的二阶灵敏度分析结果如下：

系统回油压力 α_5、伺服缸内泄漏系数 α_6、伺服缸活塞杆总行程 α_7、伺服缸活塞杆初始位置 α_8、有效体积模量 α_{10} 和有效体积模量折算到伺服缸活塞杆上的总质量 α_{11} 的灵敏度指标 1 和灵敏度指标 2 所占比例很小，可知考虑系统二阶泰勒级数展开项后，上述参数仍然对位移阶跃响应 x_1 影响很小，这与一阶灵敏度分析方法所得出的结论一致。

而伺服阀固有频率 α_1 的灵敏度指标 1 所占比例与一阶灵敏度分析方法的分析结果相近，但灵敏度指标 2 所占比例单调减小，在参数变化量达到 20%时，灵敏度指标 2 所占比例减小近 50%。

伺服阀阻尼比 α_2、位移传感器增益 α_{12}、比例增益 α_{13} 和伺服阀增益 α_{14} 的灵敏度指标 1 所占比例小幅增加，而灵敏度指标 2 所占比例单调增加。在参数变化量达到 20%时，α_2 的灵敏度指标 2 所占比例增加近 33.33%，α_{12}、α_{13} 和 α_{14} 的灵敏度指标 2 所占比例增加接近 25%。

折算流量系数 α_3、负载刚度 α_{15} 的灵敏度指标 1 和灵敏度指标 2 所占比例均单调减小。在参数变化量达到 20% 时，α_3 的灵敏度指标 1 和灵敏度指标 2 所占比例均减小近 50%，α_{15} 的灵敏度指标 1 和灵敏度指标 2 所占比例均减少近 33.33%。

系统供油压力 α_4、伺服缸活塞杆有效面积 α_9 和黏性阻尼系数 α_{16} 的灵敏度指标 1 和灵敏度指标 2 所占比例均单调增加。在参数变化量达到 20% 时，α_4 的灵敏度指标 1 所占比例增加近 1 倍，灵敏度指标 2 所占比例增加近 50%，α_9 的灵敏度指标 1 和灵敏度指标 2 所占比例增加均近 50%，α_{16} 的灵敏度指标 1 和灵敏度指标 2 所占比例增加均近 33.33%。

由此可知，当系统中以上参数变化量较大时，所得的灵敏度指标数值和变化规律与一阶灵敏度的结论不同。

4.2.5　加载二阶灵敏度分析

液压驱动单元位置控制系统在真实工作过程中会受到负载力的作用，有必要研究加载工况下系统各参数的二阶灵敏度。

根据式 (4.5) 和式 (4.6)，可计算出在参数变化 1%、10% 和 20% 的情况下，加载 500N 和加载 1000N 且活塞杆位移阶跃为 2mm、5mm 和 10mm 时各参数的两项灵敏度指标。受篇幅所限，本节只给出加载 500N 和 1000N 且位移阶跃为 2mm 时，使用一阶轨迹灵敏度分析方法与二阶轨迹灵敏度分析方法得到的系统各参数的两项灵敏度指标对比柱形图，如图 4.33 和图 4.34 所示。

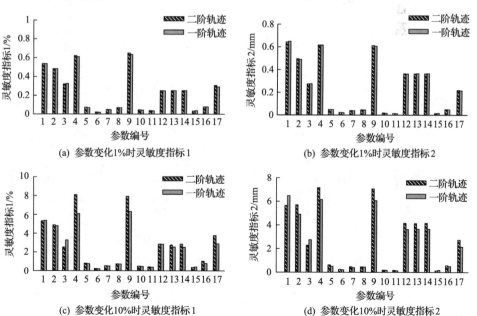

(a) 参数变化 1% 时灵敏度指标 1　　　　(b) 参数变化 1% 时灵敏度指标 2

(c) 参数变化 10% 时灵敏度指标 1　　　　(d) 参数变化 10% 时灵敏度指标 2

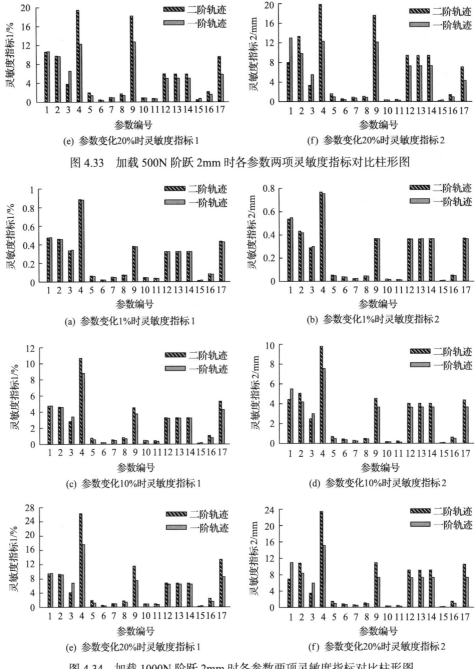

(e) 参数变化20%时灵敏度指标1

(f) 参数变化20%时灵敏度指标2

图 4.33 加载 500N 阶跃 2mm 时各参数两项灵敏度指标对比柱形图

(a) 参数变化1%时灵敏度指标1

(b) 参数变化1%时灵敏度指标2

(c) 参数变化10%时灵敏度指标1

(d) 参数变化10%时灵敏度指标2

(e) 参数变化20%时灵敏度指标1

(f) 参数变化20%时灵敏度指标2

图 4.34 加载 1000N 阶跃 2mm 时各参数两项灵敏度指标对比柱形图

由图 4.33 和图 4.34 以及其余加载工况下的各参数两项灵敏度指标对比柱形图的仿真结果可以看出,对于相同位移阶跃不同加载力(包括空载),无论参数变化量为多少，各参数两项灵敏度指标在考虑二阶泰勒级数展开项之后所占比例相对于只考虑一阶泰勒级数展开项所占比例未发生显著变化，即在使用二阶轨迹灵敏度分析方法计算完某一加载力时各参数两项灵敏度指标后，结合一阶灵敏度分析方法得到的在不同加载力时各参数两项灵敏度指标的变化规律与数值，可以近似确定在其他位移阶跃使用二阶轨迹灵敏度分析方法时各参数两项灵敏度指标。

在不同加载工况下，随着参数变化量不同，使用二阶轨迹灵敏度分析方法与一阶灵敏度分析方法所得结果相比，各参数(不包括外负载力)两项灵敏度指标变化规律与空载时结论相同，这里不再赘述。而外负载力 α_{17} 的灵敏度指标 1 与灵敏度指标 2 所占比例均单调增加，在参数变化量达到 20% 时，灵敏度指标 1 与灵敏度指标 2 所占比例增加近 1/2。

综合空载与加载 9 种工况下，二阶轨迹灵敏度分析方法各参数两项灵敏度指标变化特点，在使用二阶轨迹灵敏度分析方法计算出任一工况下各参数(空载时无外负载力 α_{17})两项灵敏度指标的变化特点，都可以结合一阶灵敏度分析方法在不同工况下所得参数灵敏度结论，推出其余工况下系统二阶泰勒级数展开项对各参数两项灵敏度指标产生的影响。

4.3　位置控制灵敏度实验研究

液压驱动单元系统可测参数较少，本章采用类比法，只验证可测参数的灵敏度分析结果。系统供油压力 α_4、初始位置 α_8、比例增益 α_{13} 和外负载力 α_{17} 这 4 个参数可以实时测量，因此对以上 4 个参数的两项灵敏度指标进行验证。

由于参数变化 1% 的实验结果难以精确测量，实验中仅将以上 4 个参数值分别变化 10% 和 20%，实测液压驱动单元位置控制系统的输出位移，并与参数变化前的输出位移作差，取出偏差的最大值以及各偏差的绝对值之和来计算每个参数的两项灵敏度指标，为保证实验结果的准确性，采用多样本求均值的方法。由于一阶轨迹灵敏度分析方法和一阶矩阵灵敏度分析方法所得到的仿真分析结果基本相同，本节只将实测数据与一阶轨迹灵敏度分析方法、二阶轨迹灵敏度分析方法所得到的仿真结果进行对比，整理得出在 9 种工况下，上述 4 个参数在不同变化量时的两项灵敏度指标实验值与仿真值对比柱形图，如图 4.35～图 4.38 所示。

可以看出，实验测得以上 4 个参数的两项灵敏度指标的变化趋势与仿真结果相差不大，二阶轨迹灵敏度分析方法得出的灵敏度指标仿真值更加贴近实验数据，而且在参数变化 20% 时这种现象更明显，从而验证了二阶轨迹灵敏度相对于一阶轨迹灵敏度在参数变化范围大时的适用性。但实验测试值与仿真计算值仍存在一定偏差，其平均偏差绝对值如表 4.1 和表 4.2 所示，表中数值精确到个位。

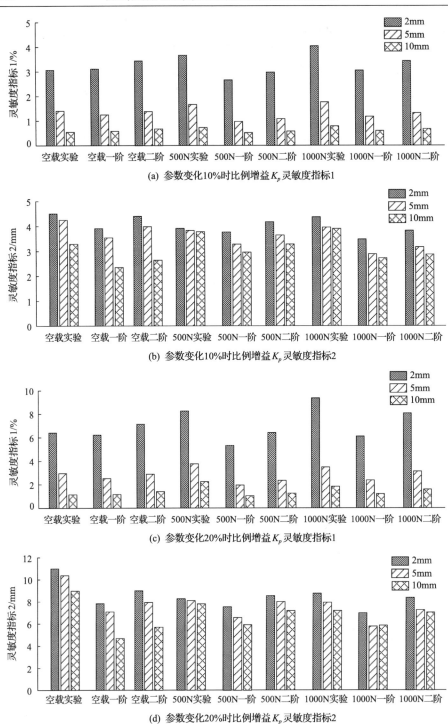

(a) 参数变化10%时比例增益 K_p 灵敏度指标1

(b) 参数变化10%时比例增益 K_p 灵敏度指标2

(c) 参数变化20%时比例增益 K_p 灵敏度指标1

(d) 参数变化20%时比例增益 K_p 灵敏度指标2

图 4.35 比例增益 K_p 实验与理论分析的灵敏度指标对比柱形图

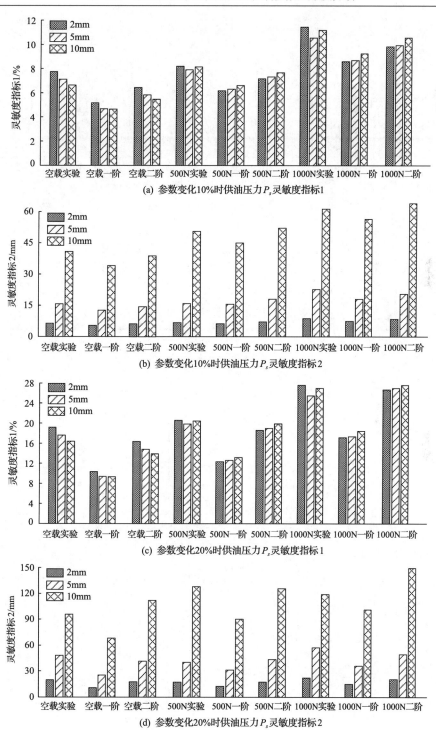

图 4.36　供油压力 P_s 实验与理论分析的灵敏度指标对比柱形图

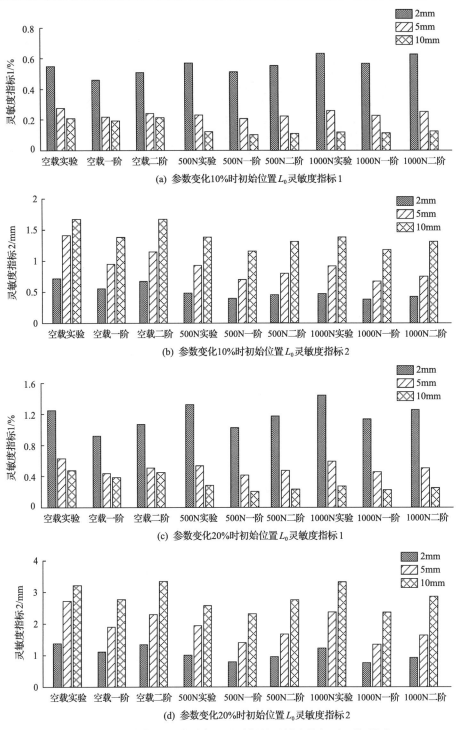

(a) 参数变化10%时初始位置 L_0 灵敏度指标1

(b) 参数变化10%时初始位置 L_0 灵敏度指标2

(c) 参数变化20%时初始位置 L_0 灵敏度指标1

(d) 参数变化20%时初始位置 L_0 灵敏度指标2

图 4.37　初始位置 L_0 实验与理论分析的灵敏度指标对比柱形图

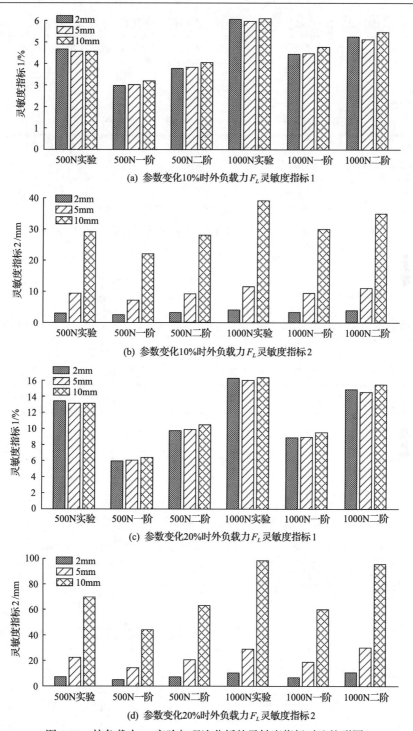

(a) 参数变化10%时外负载力 F_L 灵敏度指标1

(b) 参数变化10%时外负载力 F_L 灵敏度指标2

(c) 参数变化20%时外负载力 F_L 灵敏度指标1

(d) 参数变化20%时外负载力 F_L 灵敏度指标2

图 4.38　外负载力 F_L 实验与理论分析的灵敏度指标对比柱形图

表 4.1　参数变化 10%时实验与仿真的两项灵敏度指标平均偏差值

参数名称	灵敏度指标 1 平均偏差值		灵敏度指标 2 平均偏差值	
	实验与一阶	实验与二阶	实验与一阶	实验与二阶
比例增益 K_p	16%	10%	9%	5%
供油压力 P_s	24%	13%	10%	3%
初始位置 L_0	12%	3%	14%	4%
外负载力 F_L	31%	18%	22%	7%

表 4.2　参数变化 20%时实验与仿真的两项灵敏度指标平均偏差值

参数名称	灵敏度指标 1 平均偏差值		灵敏度指标 2 平均偏差值	
	实验与一阶	实验与二阶	实验与一阶	实验与二阶
比例增益 K_p	24%	13%	16%	4%
供油压力 P_s	39%	10%	21%	9%
初始位置 L_0	23%	11%	17%	8%
外负载力 F_L	51%	21%	30%	5%

　　产生上述数值偏差的主要原因如下：液压驱动单元位置控制数学模型不能完全描述实验系统的全部特征，其模型的精度影响所有参数的灵敏度分析结论，将使实测结果与理论分析结果存在不可避免的误差。特别是对于外负载力 F_L，其灵敏度指标 1 实测值与仿真值的偏差较大，一方面是由于数学模型的精度问题，另一方面是由于伺服缸位移阶跃影响了负载模拟部分的力模拟精度，即使采用参数自整定的多余力补偿方法，也难以完全消除由此带来的瞬态力冲击，这一现象通过力传感器的实测力曲线也可得到印证，这样相当于非人为地增加了加载力的变化量，从而增大了实测外负载力的灵敏度指标数值。

4.4　力控制灵敏度动态分析

4.4.1　系统仿真工况与参数选取

　　在 4.1 节与 4.2 节中已经研究过不同灵敏度分析方法的异同之处。限于篇幅，针对力控制系统，本章采用一阶矩阵灵敏度分析方法进行研究。由力控制系统机理建模可知，液压驱动单元力控制系统非线性数学模型最高阶次为 6 阶，这里选取 6 个状态变量、1 个输入及 14 个参数。

其中，6 个状态变量是 $x_1 = x_p$，$x_2 = \dot{x}_p$，$x_3 = x_v$，$x_4 = \dot{x}_v$，$x_5 = p_1$，$x_6 = p_2$；输入是 $u_1 = x_r$；参数定义为 $\alpha_1 = \omega$，$\alpha_2 = \zeta$，$\alpha_3 = P_s$，$\alpha_4 = p_0$，$\alpha_5 = C_{ip}$，$\alpha_6 = L$，$\alpha_7 = L_0$，$\alpha_8 = A_p$，$\alpha_9 = \beta_e$，$\alpha_{10} = m_{t1}$，$\alpha_{11} = K_f$，$\alpha_{12} = K_p$，$\alpha_{13} = K$，$\alpha_{14} = B_{p1}$。参数定义适用于 4.4 和 4.5 节。

系统的状态方程可表示为

$$\begin{cases} \dot{x}_1 = x_2 \\ \dot{x}_2 = -\dfrac{K}{m_{t1}}x_1 - \dfrac{B_{p1}}{m_{t1}}x_2 + \dfrac{A_p}{m_{t1}}x_5 - \dfrac{A_p}{m_{t1}}x_6 - \dfrac{F_f + F_L}{m_{t1}} \\ \dot{x}_3 = x_4 \\ \dot{x}_4 = -K_X K_{\text{axv}} K_p \omega^2 x_1 - \omega^2 x_3 - 2\zeta\omega x_4 + K_{\text{axv}} K_p K_f \omega^2 F_r \\ \dot{x}_5 = \beta_e (V_{g1} + A_p L_0 + A_p x_1)^{-1} \left\{ -A_p x_2 \right. \\ \qquad \left. + K_d x_3 \sqrt{\dfrac{[1 + \text{sgn}(x_3)]p_s}{2} + \dfrac{[-1 + \text{sgn}(x_3)]p_0}{2} - \text{sgn}(x_3)x_5} - (C_{ip} + C_{ep})x_5 + C_{ip}x_6 \right\} \\ \dot{x}_6 = \beta_e \left[V_{g2} + A_p(L - L_0) - A_p x_1 \right]^{-1} \left\{ A_p x_2 \right. \\ \qquad \left. - K_d x_3 \sqrt{\dfrac{[1 - \text{sgn}(x_3)]P_s}{2} + \dfrac{[-1 - \text{sgn}(x_3)]p_0}{2} + \text{sgn}(x_3)x_6} + C_{ip}x_5 - (C_{ip} + C_{ep})x_6 \right\} \end{cases}$$

$$\tag{4.12}$$

$$Y = A_p(x_5 - x_6) - F_f + F_L \tag{4.13}$$

式中，Y 表示输出力 F。

正弦响应能够评价不同频率输入下的跟随效果，其控制效果体现着力控制系统的响应性能和控制精度，因此本章以力正弦响应为输入信号来分析液压驱动单元力控制系统的各参数灵敏度。为研究在不同工况下各参数的灵敏度变化规律，选定了 3 个工况影响因素，即系统供油压力 P_s、正弦响应频率 f 以及正弦响应振幅 A，并且这 3 个因素各有 3 个水平，其中 P_s 选定为 6MPa、12MPa 和 18MPa，f 选定为 1Hz、2Hz 和 4Hz，A 选定为 500N、1000N 和 1500N。本章中，进行 3 因素 3 水平的正交实验一般采用 $L_o9(3^4)$，即使用 9 次实验就可以评价全面研究。本节选定的 9 种工况影响因素如表 4.3 所示。

表 4.3 所示的力控制系统各工况下仿真曲线如图 4.39 所示。

表 4.3   正交实验所选定的 9 种工况影响因素

序号	影响因素		
	P_s/MPa	f/Hz	A/N
工况 1	6	1	500
工况 2	6	2	1000
工况 3	6	4	1500
工况 4	12	1	1000
工况 5	12	2	1500
工况 6	12	4	500
工况 7	18	1	1500
工况 8	18	2	500
工况 9	18	4	1000

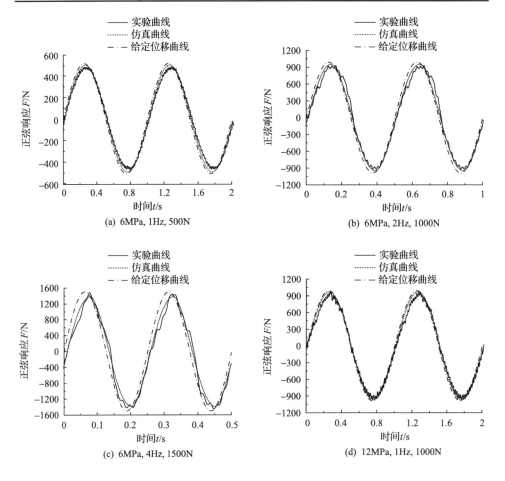

(a) 6MPa, 1Hz, 500N

(b) 6MPa, 2Hz, 1000N

(c) 6MPa, 4Hz, 1500N

(d) 12MPa, 1Hz, 1000N

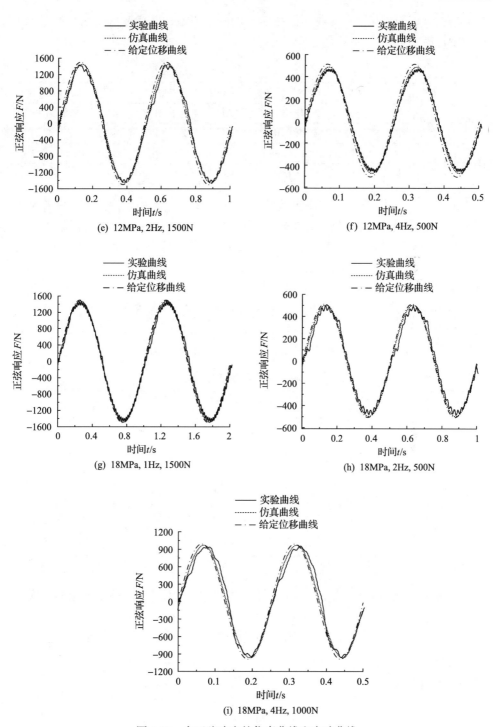

图 4.39　力正弦响应的仿真曲线和实验曲线

幅值衰减和相位滞后是衡量正弦响应的两项典型性能指标,以上 9 种工况下的两项性能指标仿真与实验值如表 4.4 所示。

表 4.4　9 种工况下的两项性能指标仿真与实验值

性能指标		工况 1	工况 2	工况 3	工况 4	工况 5	工况 6	工况 7	工况 8	工况 9
幅值衰减/N	实验	32.1	76.5	101.5	31.3	40.1	30.4	29.2	18.8	38.2
	仿真	9.5	41.7	185.9	12.1	31.2	18.6	14.2	6.1	27.1
相角滞后/(°)	实验	8.7	13.8	24.5	5.2	8.9	14.4	3.9	8.1	17.9
	仿真	5.0	10.5	20.8	3.5	7.1	13.2	2.8	5.4	10.8

由表 4.4 可以看出,幅值衰减的仿真和实验值最大相对偏差相比于振幅在 5.6%左右,相位滞后的仿真和实验值最大偏差为 7.1°,而这两项性能指标发生最大偏差都是在 4Hz 时,在频率小时,两项性能指标的仿真和实验值很接近。特别地,在工况 3 下,即 6MPa,4Hz,1500N 时,系统响应的幅值衰减和相角滞后的仿真和实验值都比其余工况大很多,这是由于当系统供油压力为 6MPa 时,活塞杆最大出力为 1600N 左右,同时大的频率也会导致性能指标数值的增大。

基于正交实验理论,由以上 9 种工况下两项性能指标的仿真和实验值可以推导出所有工况下两项灵敏度指标的正交分析表,如表 4.5 所示。

表 4.5　性能指标变化规律

因素	性能指标											
	幅值衰减/N						相角滞后/(°)					
	P_s		f		A		P_s		f		A	
	实验	仿真	实验	仿真	实验	仿真	实验	仿真	实验	仿真	实验	仿真
k_1	70.0	79.0	30.9	11.9	27.1	11.4	15.7	12.1	5.9	3.8	10.4	7.9
k_2	33.9	20.6	45.1	26.3	48.7	27.0	9.5	7.9	10.3	7.7	12.3	8.3
k_3	28.7	15.8	56.7	77.2	56.9	77.1	10.0	6.3	18.9	14.9	12.4	10.2
R	41.3	63.2	25.8	65.3	29.6	65.7	6.2	5.8	13.0	11.1	2.0	2.3

注:k_1、k_2、k_3 分别表示式(2.100)中的 $k_{\beta1}$、$k_{\beta2}$、$k_{\beta3}$;R 表示式(2.101)中的极差。其他表中相关变量含义同此。

由表 4.5 可以看出,两项性能指标的仿真和实验值总体变化趋势相同,即越大的幅值、频率,以及越小的系统供油压力会导致越大的幅值衰减和相位滞后。此外,三种因素的变化对幅值衰减的影响幅度近似,而对相位滞后影响最大的因素是频率,影响最小的因素是振幅。

4.4.2　一阶灵敏度矩阵

与 4.3 节中计算方法一样,可以得到表 4.3 中工况 1 下各参数关于输出变量 S_α^Y 的一阶灵敏度矩阵,如图 4.40 所示。

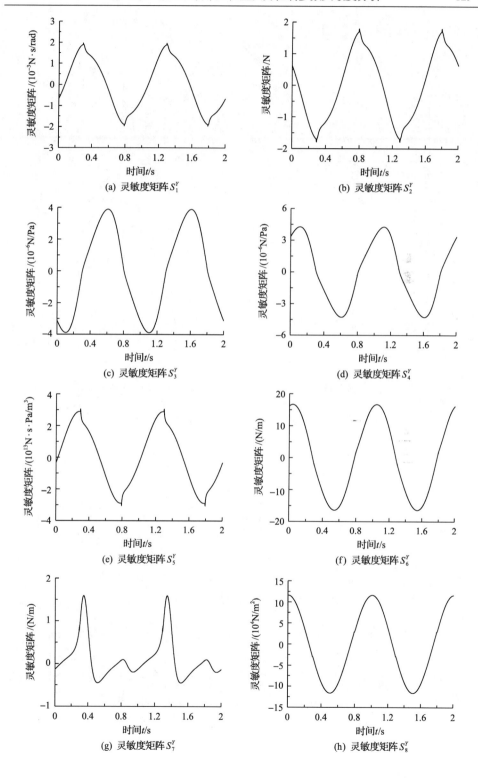

(a) 灵敏度矩阵 S_1^Y

(b) 灵敏度矩阵 S_2^Y

(c) 灵敏度矩阵 S_3^Y

(d) 灵敏度矩阵 S_4^Y

(e) 灵敏度矩阵 S_5^Y

(f) 灵敏度矩阵 S_6^Y

(g) 灵敏度矩阵 S_7^Y

(h) 灵敏度矩阵 S_8^Y

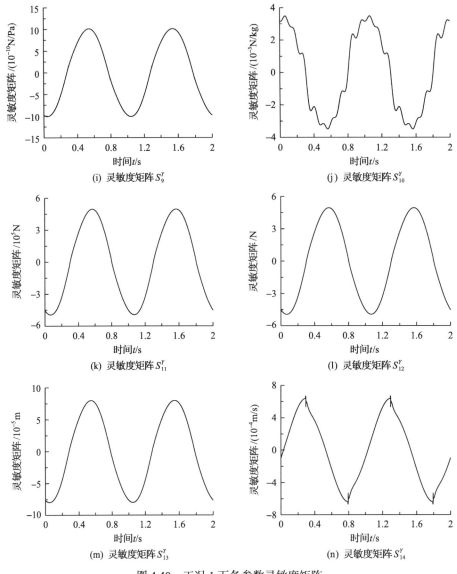

(i) 灵敏度矩阵 S_9^Y　　　　　　　　(j) 灵敏度矩阵 S_{10}^Y

(k) 灵敏度矩阵 S_{11}^Y　　　　　　　　(l) 灵敏度矩阵 S_{12}^Y

(m) 灵敏度矩阵 S_{13}^Y　　　　　　　　(n) 灵敏度矩阵 S_{14}^Y

图 4.40　工况 1 下各参数灵敏度矩阵

由图 4.40 可以看出，参数 α_1、α_5、α_7 和 α_{14} 的灵敏度矩阵变化规律相同，也就是在活塞杆速度最大时，这四个参数的灵敏度矩阵为 0，并且随着正弦输出力正弦变化，参数 α_2 同样在输出力为 0 时，灵敏度矩阵为 0，只是随着正弦输出力负正弦变化；参数 α_4、α_6、α_8 和 α_{10} 的灵敏度矩阵变化规律相同，在输出力为 0 时，这四个参数的灵敏度矩阵最大，并且随着正弦输出力余弦变化；其余参

数 α_3、α_9、α_{11}、α_{12} 和 α_{13} 的灵敏度矩阵同样在输出力为 0 时值最大,只是随着正弦输出力负余弦变化。

限于篇幅,其余工况的灵敏度矩阵不予列出。

4.4.3　各工况下参数变化对力控性能影响

在表 4.3 所示的 9 种工况下,各参数对系统性能影响的时程曲线如图 4.41 所示。

由图 4.41 可见,各参数的变化对输出力的影响发生着不同程度的周期变化, 4.5 节将会针对以上这些动态变化进行定量分析,以了解各参数的灵敏度在各工况下的变化规律。

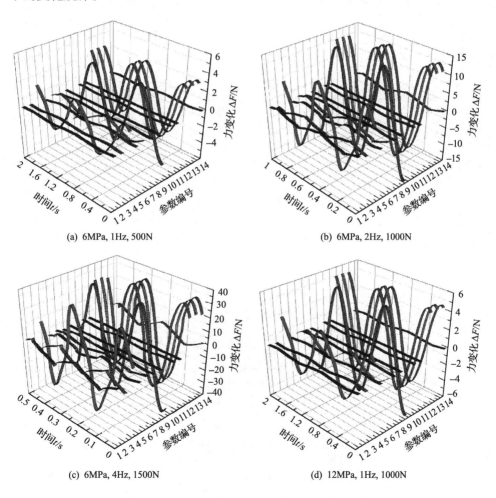

(a) 6MPa, 1Hz, 500N　　　　　　　　　　(b) 6MPa, 2Hz, 1000N

(c) 6MPa, 4Hz, 1500N　　　　　　　　　　(d) 12MPa, 1Hz, 1000N

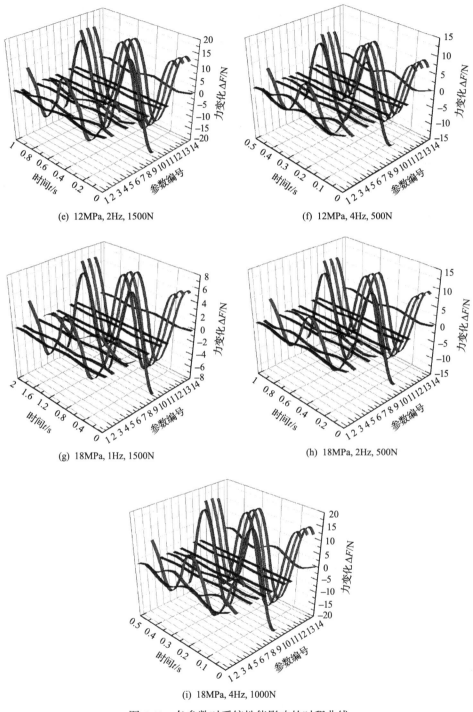

(e) 12MPa, 2Hz, 1500N

(f) 12MPa, 4Hz, 500N

(g) 18MPa, 1Hz, 1500N

(h) 18MPa, 2Hz, 500N

(i) 18MPa, 4Hz, 1000N

图 4.41　各参数对系统性能影响的时程曲线

4.5　力控制灵敏度定量分析

4.5.1　灵敏度指标

本节定义两项灵敏度指标以定量分析各工况下各参数变化对力控制性能的影响程度。

定义一个正弦周期内幅值衰减的平均值为第 1 项灵敏度指标 S_1，其表达式为

$$S_1 = \text{mean}(\varPhi_1 + \varPhi_2) \tag{4.14}$$

$$
\begin{aligned}
\varPhi_1 &= [\max(F_r) - \max(F - S_\alpha^Y \Delta\alpha_i)] - [\max(F_r) - \max(F)] \\
&= \max(F) - \max(F - S_\alpha^Y \Delta\alpha_i)
\end{aligned} \tag{4.15}
$$

$$
\begin{aligned}
\varPhi_2 &= [\min(F_r) - \min(F_i)] - [(F_r) - \min(F - S_\alpha^Y \Delta\alpha_i)] \\
&= \min(F - S_\alpha^Y \Delta\alpha_i) - \min(F)
\end{aligned} \tag{4.16}
$$

同样地，定义一个正弦周期内相角滞后的平均值为第 2 项灵敏度指标 S_2，其表达式为

$$S_2 = \text{mean}(\psi_f) \tag{4.17}$$

$$
\begin{aligned}
\psi_f &= \left\{ \arcsin\left[\frac{F_r}{\max(F_r)} \right] - \arcsin\left[\frac{F - S_\alpha^1 \Delta\alpha_i}{\max(F - S_\alpha^1 \Delta\alpha_i)} \right] \right\} \\
&\quad - \left\{ \arcsin\left[\frac{F_r}{\max(F_r)} \right] - \arcsin\left[\frac{F}{\max(F)} \right] \right\}
\end{aligned} \tag{4.18}
$$

根据以上两项灵敏度指标就可以定量评价出各参数变化对系统输出力 F 的影响程度。

4.5.2　灵敏度柱形图

根据式(4.11)和式(4.14)，可以计算出参数变化 10%时 9 种工况下灵敏度指标柱形图，如图 4.42 所示。

由图 4.42 可以得出以下结论：

(1)在相同工况下，对比各参数的两项灵敏度指标可以看出，各参数增大 10%对力控制系统的幅值衰减和相角滞后的影响是不同的，相对而言，参数 α_4、α_6、α_7、α_9 和 α_{10} 在各工况下相对于其他参数，其两项灵敏度指标很小，从而可以认

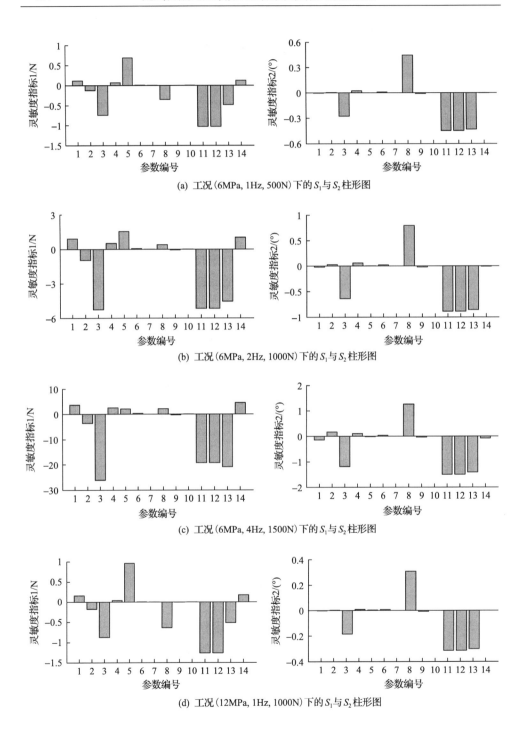

(a) 工况 (6MPa, 1Hz, 500N) 下的 S_1 与 S_2 柱形图

(b) 工况 (6MPa, 2Hz, 1000N) 下的 S_1 与 S_2 柱形图

(c) 工况 (6MPa, 4Hz, 1500N) 下的 S_1 与 S_2 柱形图

(d) 工况 (12MPa, 1Hz, 1000N) 下的 S_1 与 S_2 柱形图

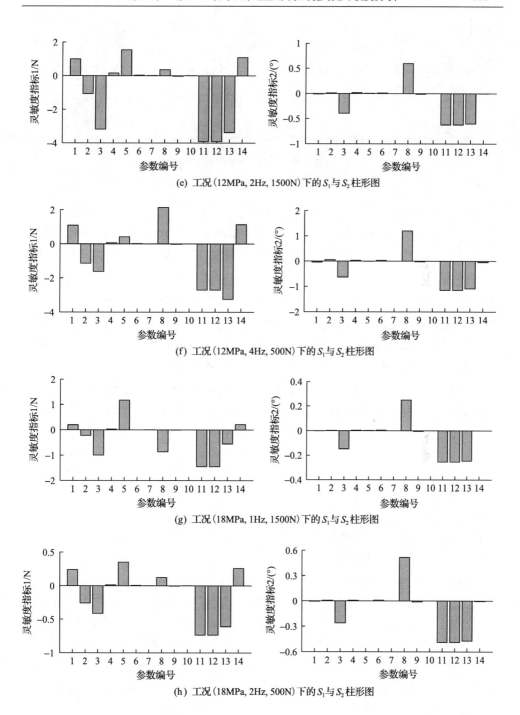

(e) 工况(12MPa, 2Hz, 1500N)下的 S_1 与 S_2 柱形图

(f) 工况(12MPa, 4Hz, 500N)下的 S_1 与 S_2 柱形图

(g) 工况(18MPa, 1Hz, 1500N)下的 S_1 与 S_2 柱形图

(h) 工况(18MPa, 2Hz, 500N)下的 S_1 与 S_2 柱形图

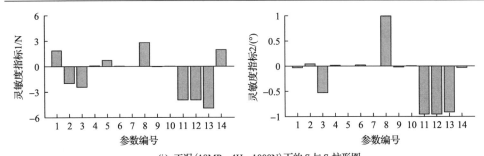

(i) 工况(18MPa, 4Hz, 1000N)下的S_1与S_2柱形图

图 4.42　9 种工况下两项灵敏度指标柱形图

为这 5 个参数的小范围波动对液压驱动单元力控性能的影响很小，为重点研究主要影响参数对力控制系统性能的影响，下面将不对以上 5 个参数的灵敏度进行细致的讨论。α_{11} 和 α_{12} 这两个参数同为前向通道增益，可以看出，这两个参数的两项灵敏度指标值完全相同，下面将只以 α_{12} 的两项灵敏度指标为例进行分析。对于参数 α_1、α_2、α_3、α_5、α_8、α_{12}、α_{13} 和 α_{14}，可以看出这 8 个参数增大 10% 对力控制系统的性能影响较大，在后续章节中将进行重点分析。

(2) 各参数值的增加对力控制系统的幅值衰减和相角滞后既有促进作用，也有抑制作用。以参数 α_3、α_{12} 和 α_{13} 为例，这 3 个参数的增大均会减小力控制系统的幅值衰减和相角滞后，从定性的角度而言，增大系统的供油压力 α_3 和控制器增益 α_{12} 会增大系统传递框图的单向通道增益，从而提高系统的控制精度和响应的快速性；而增大系统的负载刚度 α_{13} 会提高力控制系统的整体刚度，从而促进力控制系统控制性能的提高；这 3 个参数对力控制系统的影响规律均与现有研究成果得到的结论相同，这也间接印证了本节分析结果的准确性。依据给出的柱形图，从液压驱动单元结构优化设计及控制策略选取的角度，针对在某工况下对力控制系统性能影响较大的参数，尝试增大其中对系统控制性能有促进作用的参数，而减小有抑制作用的参数，将有助于提高液压驱动单元力控制系统的整体控制性能。相对地，针对在某工况下对力控制系统性能影响较小的参数，在实际工作中，这些参数的小范围波动可以不予以考虑。

(3) 力控制系统正弦响应的幅值衰减和相角滞后这两个评价指标，分别有侧重地对应着力控制系统的控制精度和响应快速性，但从柱形图中可以发现，不是所有参数都是同时促进或同时抑制这两个评价指标的。以参数 α_1、α_5 和 α_{14} 为例，这 3 个参数的两项灵敏度指标的正负性是相反的，也就是说，当增大这 3 个参数时，虽然会使幅值衰减增加，但其相角滞后却得到一定程度的降低。参数 α_8 的两项灵敏度指标正负性在本书涉及的一些工况下相同，而在另一些工况下相反，从定性的角度而言，活塞面积的增大会提高力控制系统的输出力，依据力平衡方程将有利于提高系统的性能，然而活塞面积的增大又增大了伺服缸内受压缩油液的体积，这将增加系统的建压时间，对系统的性能产生不利影响，因此增大活塞面积对系统性能的影响与系统工况有关。

（4）随着工况的变化，同一参数的两项灵敏度指标相对于其余参数的两项灵敏度指标所占比例是变化的，比较明显的是参数 α_1、α_3、α_5、α_8 和 α_{14} 所占比例在某些工况下很大，但是在某些工况下就会变得很小，这就表明了若想通过参数优化或者控制补偿来提高液压驱动单元的力控制系统性能，需要将工况作为一个重要参照因素，从而综合考虑工况变化，寻找各个工况对应的重点影响参数进行优化和补偿。

（5）不同参数的两项灵敏度指标在某一工况下的数量级是与该工况下的幅值衰减量和相位滞后量直接相关的。也就是说，当幅值衰减或相位滞后大时，该工况下所对应的 S_1 或 S_2 的数量级就大。

4.5.3　正交分析

为便于掌握各参数对其力控制性能产生的定量影响及随工况不同时的变化量，本节基于正交实验理论，根据选定的 9 种工况下的两项灵敏度指标柱形图，给出影响较大的 8 个参数的两项灵敏度指标及变化的定量值，其两项灵敏度指标的正交分析表分别如表 4.6 和表 4.7 所示。

表 4.6　灵敏度指标 S_1 的正交分析表

因素	参数											
	α_1			α_2			α_3			α_5		
	P_s	f	A	P_s	f	A	P_s	f	A	P_s	f	A
k_1	1.5	0.2	0.5	−1.6	−0.2	−0.5	−10.7	−0.9	−0.9	1.4	1.0	0.5
k_2	0.8	0.7	1.0	−0.8	−0.8	−1.1	−1.9	−3.0	−2.9	1.0	1.1	1.0
k_3	0.8	2.2	1.6	−0.8	−2.2	−1.6	−1.3	−10.1	−10.1	0.8	1.0	1.6
R	0.7	2.0	1.1	0.8	2.0	1.1	9.4	9.2	9.2	0.6	0.1	1.1
因素	参数											
	α_8			α_{12}			α_{13}			α_{14}		
	P_s	f	A	P_s	f	A	P_s	f	A	P_s	f	A
k_1	0.7	−0.6	0.6	−8.5	−1.3	−1.5	−8.7	−0.5	−1.5	1.9	0.2	0.5
k_2	0.6	0.3	0.9	−2.6	−3.3	−3.5	−2.4	−2.8	−3.3	0.8	0.8	1.1
k_3	0.6	2.4	0.5	−2.1	−8.6	−8.2	−2	−9.7	−8.3	0.8	2.5	1.9
R	0.1	3.0	0.4	6.4	7.3	6.7	6.7	9.2	6.8	1.1	2.3	1.4

表 4.7 灵敏度指标 S_2 的正交分析表

因素	参数											
	α_1			α_2			α_3			α_5		
	P_s	f	A	P_s	f	A	P_s	f	A	P_s	f	A
k_1	−5.5	−0.2	−1.6	6.8	0.3	4.5	−70.2	−20.2	−38.8	−0.4	0.2	0.1
k_2	−1.8	−1.2	−1.8	2.5	3.8	2.5	−40.2	−43.0	−44.9	0.1	0.1	0.1
k_3	−1.2	−7.0	−5.0	4.0	9.2	6.2	−31.2	−78.3	−57.9	0.1	−0.6	−0.4
R	4.3	6.8	3.4	4.3	8.9	3.7	39.0	58.1	19.1	0.5	0.8	0.5

因素	参数											
	α_8			α_{12}			α_{13}			α_{14}		
	P_s	f	A	P_s	f	A	P_s	f	A	P_s	f	A
k_1	83.3	33.4	72.1	−94.5	−33.8	−69.5	−90.1	−32.6	−66.5	−2.9	−0.1	−1.7
k_2	70.2	63.6	69.8	−69.5	−66.8	−71.9	−66.5	−64.5	−69.0	−1.6	−0.5	−1.3
k_3	58.5	115.0	70.2	−56.6	−120.1	−79.3	−54.3	−113.8	−75.4	−1.2	−5	−2.6
R	24.8	81.6	2.3	37.9	86.3	9.8	35.8	81.2	8.9	1.7	4.9	1.3

由表 4.6 和表 4.7 可以看出：

(1)针对单因素的某一水平影响均值 k_β ($\beta = 1,2,3$) 进行分析可以看出，各因素对 α_1、α_2、α_3、α_{12}、α_{13} 和 α_{14} 的两项灵敏度指标影响的变化规律与表 4.5 中所呈现出的幅值衰减和相位滞后的变化规律十分相近。对于参数 α_5，频率 f 的变化对该参数的 S_1 影响不大，各因素的变化会对该参数 S_2 的正负性产生影响。特别地，对于参数 α_8，各因素对该参数的 S_1 影响的变化规律与其他参数都不相同，频率 f 的变化甚至可以改变 S_1 的正负性，而除了频率 f 的变化对该参数的 S_2 影响不大，其余规律与大部分参数相似。

(2)针对单因素的影响方差 R 进行分析可以看出，对于参数 α_1、α_2、α_8、α_{13} 和 α_{14}，频率 f 是影响这五个参数 S_1 的主要因素。针对参数 α_5，振幅 A 是影响其 S_1 的主要因素。针对参数 α_3 和 α_{11}，各因素对其 S_1 的影响程度近似。而频率 f 是影响所有参数 S_2 的主要因素，这说明频率 f 的改变对相位滞后的影响很大。

4.6 力控制灵敏度实验研究

同 4.3 节中所介绍的，参数 α_3、α_7 和 α_{12} 可以被实时检测，上述参数的两项灵敏度指标仿真实验对比柱形图如图 4.43 所示。本节参数同 4.1 节。

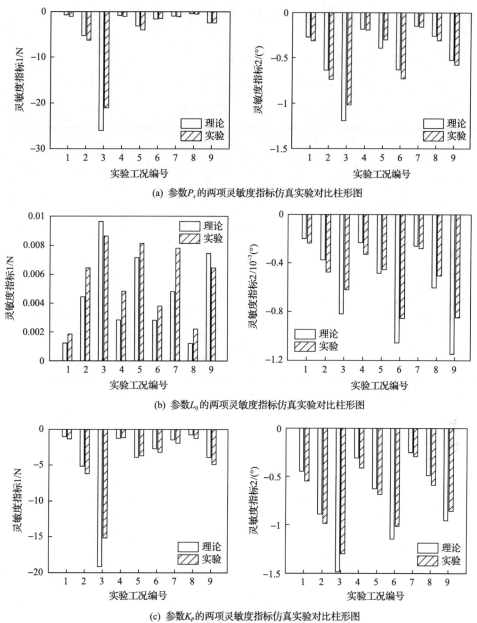

(a) 参数P_s的两项灵敏度指标仿真实验对比柱形图

(b) 参数L_0的两项灵敏度指标仿真实验对比柱形图

(c) 参数K_p的两项灵敏度指标仿真实验对比柱形图

图 4.43　各参数的两项灵敏度指标仿真实验对比柱形图

　　从图 4.43 可以看出，L_0 的两项灵敏度指标的实验值非常小，这就验证了理论分析所得结果，故在该参数小范围波动时，可以忽略其对力控制系统性能的影响，本节不对其进行具体分析。而参数 P_s 与参数 K_p 的两项灵敏度指标实验值与仿真值在数量级上很相近，详细的方差对比分析表如表 4.8 和表 4.9 所示。表中，Exp

表示实验值，Sim 表示仿真值，Err 表示实验与仿真偏差的绝对值。

表 4.8　参数 P_s 的方差对比分析表

因素	灵敏度指标 S_1 /N								
	P_s			f			A		
	Exp	Sim	Err	Exp	Sim	Err	Exp	Sim	Err
k_1	−9.5	−10.7	1.2	−1.1	−0.9	0.2	−1.0	−0.9	0.1
k_2	−2.2	−1.9	0.3	−3.5	−3.0	0.5	−3.2	−2.9	0.3
k_3	−1.3	−1.3	0	−8.4	−10.1	1.7	−8.7	−10.1	1.4
R	8.2	9.4	1.2	7.3	9.2	1.9	7.7	9.2	1.5

因素	灵敏度指标 S_2 /(°)								
	P_s			f			A		
	Exp	Sim	Err	Exp	Sim	Err	Exp	Sim	Err
k_1	−0.663	−0.702	0.039	−0.212	−0.202	0.010	−0.410	−0.388	0.032
k_2	−0.408	−0.402	0.006	−0.441	−0.430	0.011	−0.503	−0.449	0.054
k_3	−0.345	−0.312	0.033	−0.765	−0.783	0.018	−0.487	−0.579	0.092
R	0.318	0.390	0.072	0.553	0.581	0.028	0.077	0.191	0.121

表 4.9　参数 K_p 的方差对比分析表

因素	灵敏度指标 S_1 /N								
	P_s			f			A		
	Exp	Sim	Err	Exp	Sim	Err	Exp	Sim	Err
k_1	−7.5	−8.5	1.0	−1.5	−1.3	0.2	−1.9	−1.5	0.4
k_2	−2.7	−2.6	0.1	−3.7	−3.3	0.4	−4.0	−3.5	0.5
k_3	−2.6	−2.1	0.5	−7.8	−8.6	0.8	−7.0	−8.2	1.2
R	4.9	6.4	1.5	6.3	7.3	1.0	5.1	6.7	1.6

因素	灵敏度指标 S_2 /(°)								
	P_s			f			A		
	Exp	Sim	Err	Exp	Sim	Err	Exp	Sim	Err
k_1	−0.921	−0.945	0.024	−0.417	−0.338	0.079	−0.718	−0.695	0.023
k_2	−0.705	−0.695	0.010	−0.754	−0.668	0.086	−0.748	−0.719	0.029
k_3	−0.579	−0.566	0.013	−1.058	−1.201	0.143	−0.754	−0.793	0.039
R	0.342	0.379	0.037	0.641	0.863	0.222	0.036	0.098	0.062

　　从表 4.8 和表 4.9 中可以看出，参数 P_s 与参数 K_p 的两项灵敏度指标实验与仿真偏差值很小。对 P_s 而言，其 S_1 的 k_β 和 R 的偏差最大值分别为 1.7 和 1.9，其 S_2 的 k_β 和 R 的偏差最大值分别为 0.092° 和 0.121°。而对 K_p 而言，其 S_1 的 k_β 和 R 的偏差最大值分别为 1.2 和 1.6，其 S_2 的 k_β 和 R 的偏差最大值分别为 0.143° 和 0.222°。而偏差的最大值一般都发生在较低的系统供油压力、较高的频率与较大的幅值时，其余工况下，偏差很小。

4.7　本 章 小 结

　　本章主要针对液压驱动单元位置及力控制系统进行了参数灵敏度分析。首先，针对液压驱动单元位置控制系统中的 17 个参数，采用了二阶轨迹灵敏度分析方法与一阶矩阵灵敏度分析方法，在多种工况下研究了各参数变化对系统控制性能的影响程度，并完成了与一阶矩阵灵敏度分析方法所得结论的对比分析，找到了影响系统性能的主要参数与次要参数。其次，针对液压驱动单元力控制系统中的 14 个参数，采用一阶矩阵灵敏度分析方法，在多种工况下研究了各参数变化对系统控制性能的影响程度，找到了影响系统控制性能的主要参数与次要参数。

第5章　腿部液压驱动系统阻抗控制参数灵敏度分析

高性能的柔顺控制是足式机器人腿部需要具备的重要性能。第 2 章的仿真和实验结果表明，在腿部液压驱动系统上无论采用基于位置的阻抗控制还是基于力的阻抗控制，单纯的 PID 控制方法得到的控制性能均难以达到优良的控制性能。为提高腿部液压驱动系统的控制性能，需找出影响系统控制性能的关键参数，才能进行有效且有针对性的补偿控制。

本章采用二阶矩阵灵敏度分析方法，在多工况下对基于位置及力的阻抗控制中所涉及的 12 个参数进行灵敏度动态分析，结合不同的灵敏度指标，对灵敏度进行动态分析并给出定量分析结果，揭示系统各参数变化对系统性能的影响规律；利用腿部液压驱动系统性能实验平台与腿部足端负载模拟实验平台，进行灵敏度分析实验验证。

5.1　基于位置的阻抗控制灵敏度动态分析

5.1.1　系统仿真工况与参数选取

本节研究工况与 2.5 节中一致，将关节液压驱动单元位置控制系统的状态方程转换为如式(3.52)的表达形式，可以得到膝/踝关节液压驱动单元位置控制系统的输出方程为

$$\Delta \boldsymbol{Y}_p = f(\Delta \boldsymbol{x}, \Delta \boldsymbol{u}, \Delta \boldsymbol{a}, t) \tag{5.1}$$

当采用基于位置的阻抗控制时，各参数不同变化量 $\Delta \alpha_i$ 对阻抗实际位置 ΔX_{Ap} 产生的一阶和二阶动态变化可表示为 $\Delta \boldsymbol{Y}_p$。

在腿部液压驱动系统采用基于位置的阻抗控制时，选取 12 个主要参数进行本章的灵敏度分析，该 12 个参数如表 5.1 所示。

5.1.2　各参数不同变化量对阻抗实际位置的影响

当液压驱动单元采用基于位置的阻抗控制方法时，系统中 12 个主要参数在变化–20%～20%时对阻抗实际位置 ΔX_{Ap} 产生的一阶和二阶动态变化 $\Delta \boldsymbol{Y}_p$ 如图 5.1 所示，限于篇幅，这里只给出 2.5 节中第 1 种工况时的曲线。

表 5.1　进行灵敏度分析的参数(1)

参数	名称	符号	参数	名称	符号
α_1	足端 Y 轴刚度特性	K_D^Y	α_7	活塞回油腔有效面积	A_{p2}
α_2	足端 Y 轴阻尼特性	C_D^Y	α_8	黏性阻尼系数	B_{p1}
α_3	系统供油压力	P_s	α_9	膝关节比例增益	K_p^{up}
α_4	有效体积模量	β_e	α_{10}	踝关节比例增益	K_p^{down}
α_5	伺服缸内泄漏系数	C_{ip}	α_{11}	膝关节积分增益	K_i^{up}
α_6	活塞进油腔有效面积	A_{p1}	α_{12}	踝关节积分增益	K_i^{down}

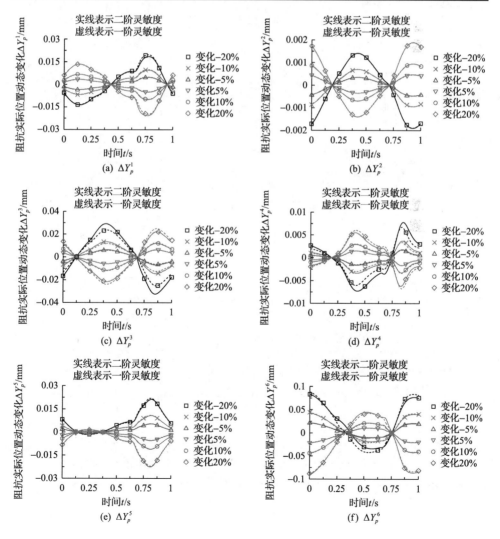

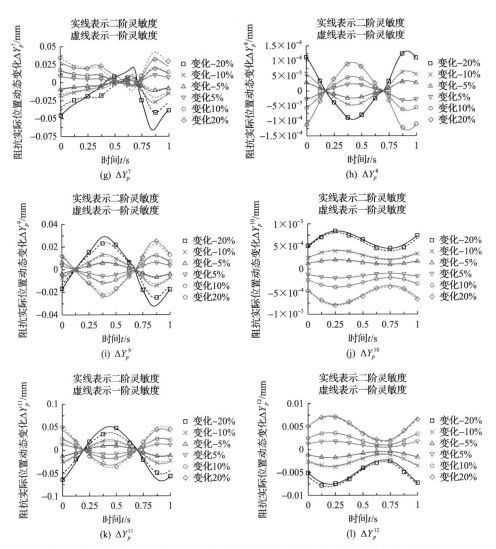

图 5.1　第 1 种工况下各参数不同变化量对 ΔX_{Ap} 产生的一阶和二阶动态变化 ΔY_p

图 5.1 中体现的规律可以从以下两个方面来总结：

(1) 从各参数不同变化量对阻抗实际位置变化量 ΔX_{Ap} 的一阶与二阶动态影响来分析。

参数 α_1、α_2、α_5、α_8、α_{10} 和 α_{12} 在不同变化量时对 ΔX_{Ap} 的一阶与二阶动态影响近似，其在 ±20% 变化时，对 ΔX_{Ap} 的一阶与二阶动态影响最大偏差率不超过 5%，因此这 6 个参数在变化 ±20% 之内可以用对 ΔX_{Ap} 的一阶动态影响近似代替二阶动态影响。

参数 α_3、α_4、α_6、α_7、α_9 和 α_{11} 在变化 $\pm10\%$ 时对 ΔX_{Ap} 的一阶与二阶动态影响近似，其最大偏差率不超过 5%，因此这 6 个参数在变化 $\pm10\%$ 时可以用对 ΔX_{Ap} 的一阶动态影响近似代替二阶动态影响。但是，当这 6 个参数变化达到 $\pm20\%$ 时，其对 ΔX_{Ap} 的一阶与二阶动态影响最大偏差率较大，此时如果用对 ΔX_{Ap} 的一阶动态影响近似代替二阶动态影响，则会导致分析结果不准确。

(2) 从各参数在相同变化量(20%)时对阻抗实际位置变化量 ΔX_{Ap} 的二阶动态影响规律来分析。

参数 α_2、α_3、α_9 和 α_{11} 对 ΔX_{Ap} 的影响变化规律相同，在足端运动速度为零时，这 4 个参数对 ΔX_{Ap} 的影响最大，并且随着足端正弦阻抗实际位置的变化量发生近似余弦变化。

参数 α_4、α_6 和 α_8 对 ΔX_{Ap} 的影响变化规律相同，在足端运动速度为零时，这 3 个参数对 ΔX_{Ap} 的影响最小，并且随着足端正弦阻抗实际位置的变化量发生近似负余弦变化。

其他参数 α_1、α_5、α_7、α_{10} 和 α_{12} 对 ΔX_{Ap} 的影响变化规律均不同。其中，参数 α_1 对 ΔX_{Ap} 的影响随着足端正弦阻抗实际位置变化量发生近似负正弦变化；参数 α_5 对 ΔX_{Ap} 的影响在足端运动位移负向最大时最大，而在足端运动位移正向最大时相对较小；参数 α_7 对 ΔX_{Ap} 的影响在足端运动速度正向最大时最大；参数 α_{10} 和 α_{12} 对 ΔX_{Ap} 的影响规律正好相反，参数 α_{10} 对 ΔX_{Ap} 的影响随着足端正弦阻抗实际位置的变化量发生近似正弦变化，而对参数 α_{12} 来说，该变化为负正弦变化。

同理，可求解出 2.5 节中涉及的其他 8 种正交实验工况下各参数不同变化量对 ΔX_{Ap} 的一阶和二阶动态影响，由于篇幅所限，相应的曲线和分析结果不再列出。

5.1.3　不同工况下各参数同一变化量对阻抗实际位置的影响

在 5.1.2 节中，分析了在第 1 种工况下各参数不同变化量对 ΔX_{Ap} 的一阶和二阶动态影响。为更好、更清晰地比较不同参数在不同工况下对系统的动态影响，本节分析全部 9 种工况下参数变化(以变化 20%为例)对 ΔX_{Ap} 产生的二阶变化 ΔY_p，如图 5.2 所示。

从图 5.2 中可以看出，在同一工况下，各参数在变化 20%时对 ΔX_{Ap} 的二阶动态影响均有差别；在不同工况下，同一参数在变化 20%时对 ΔX_{Ap} 的二阶动态影响也发生动态变化。5.2 节中将针对上述的"各不相同"进行灵敏度定量分析。

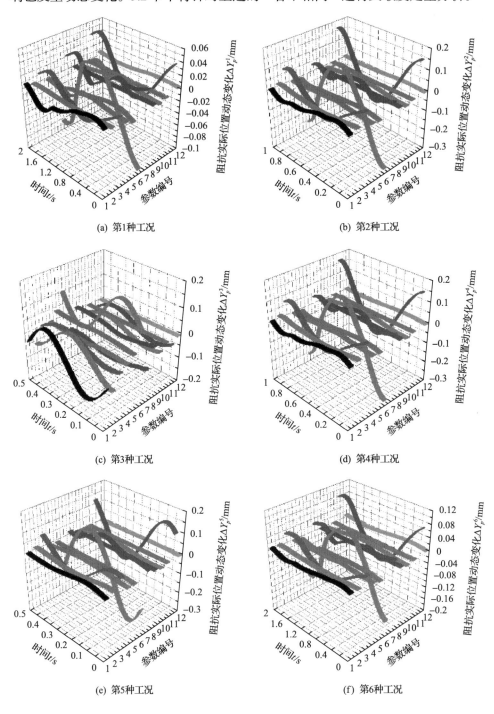

(a) 第1种工况

(b) 第2种工况

(c) 第3种工况

(d) 第4种工况

(e) 第5种工况

(f) 第6种工况

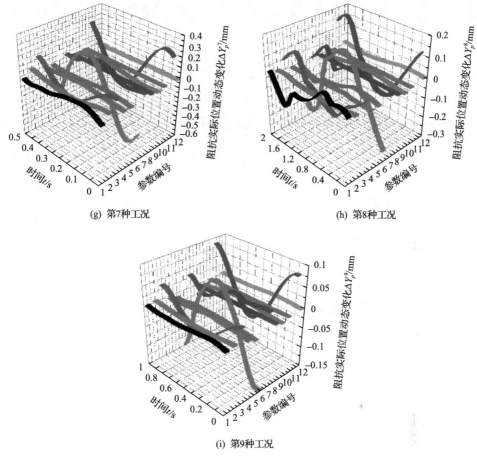

(g) 第7种工况　　　　　　(h) 第8种工况

(i) 第9种工况

图 5.2　9 种工况下参数变化 20%时对 ΔX_{Ap} 产生的二阶动态变化 ΔY_p

5.2　基于力的阻抗控制灵敏度动态分析

5.2.1　系统仿真工况与参数选取

本节研究工况同样与 2.5 节中一致,将系统的状态方程转换为如式(3.52)的表达形式,可以得到膝/踝关节液压驱动单元位置控制系统的输出方程为

$$\Delta Y_f = f(\Delta x, \Delta u, \Delta \alpha, t) \tag{5.2}$$

设采用基于力的阻抗控制时各参数不同变化量 $\Delta \alpha_i$ 对系统输出变量产生的变化可表示为 ΔY_f。

在腿部液压驱动系统采用基于力的阻抗控制时,选取 12 个主要参数进行本节的灵敏度分析，该 12 个参数如表 5.2 所示。与表 5.1 不同的是，参数 9～12 表示膝/踝关节力控制系统相关 PI 控制参数。

表 5.2　进行灵敏度分析的参数表(2)

参数	名称	符号	参数	名称	符号
α_1	足端 Y 轴刚度特性	K_D^Y	α_7	活塞回油腔有效面积	A_{p2}
α_2	足端 Y 轴阻尼特性	C_D^Y	α_8	黏性阻尼系数	B_{p1}
α_3	系统供油压力	P_s	α_9	膝关节比例增益	K_p^{up}
α_4	有效体积模量	β_e	α_{10}	踝关节比例增益	K_p^{down}
α_5	伺服缸内泄漏系数	C_{ip}	α_{11}	膝关节积分增益	K_i^{up}
α_6	活塞进油腔有效面积	A_{p1}	α_{12}	踝关节积分增益	K_i^{down}

5.2.2　各参数不同变化量对阻抗实际位置的影响

当液压驱动单元采用基于力的阻抗控制方法时，系统中 12 个主要参数在变化 -20%～20%时对阻抗实际位置 ΔX_{Af} 产生的一阶和二阶动态变化 ΔY_f 如图 5.3 所示，限于篇幅，这里只给出 2.5 节中第 1 种工况时的曲线。

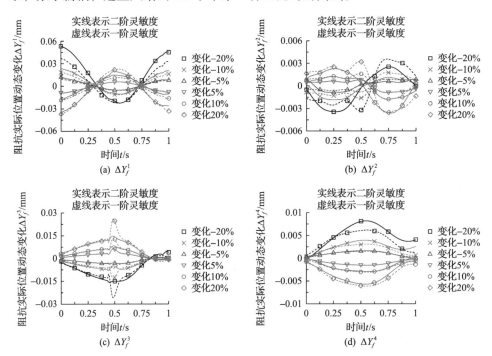

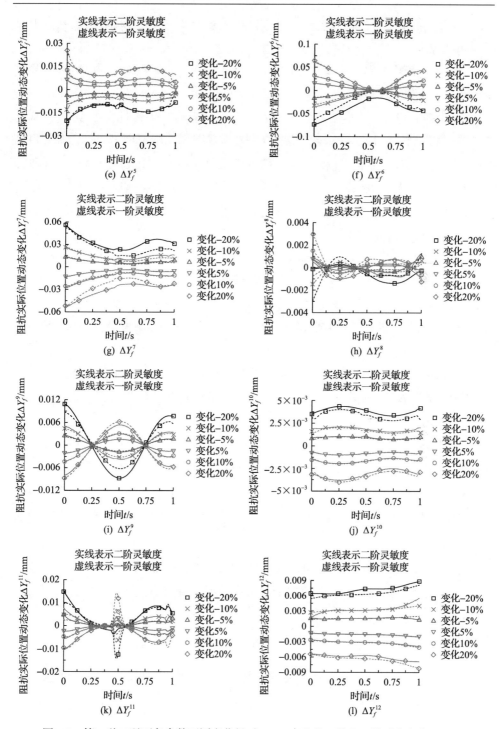

图 5.3　第 1 种工况下各参数不同变化量对 ΔX_{Af} 产生的一阶和二阶动态变化 ΔY_f

与采用基于位置的阻抗控制时一样，图 5.3 中体现的规律同样可以从以下两个方面来总结：

(1) 从各参数不同变化量对阻抗实际位置变化量 ΔX_{Af} 的一阶与二阶动态影响来分析。

当系统采用基于力的阻抗控制时，各参数在不同变化量时对 ΔX_{Af} 的一阶与二阶动态影响，总体大于当系统采用基于位置的阻抗控制时对 ΔX_{Ap} 产生的影响。其中，只有参数 α_5、α_{10}、α_{12} 在不同变化量时对 ΔX_{Af} 的一阶与二阶动态影响较小，其在 ±20% 时，对 ΔX_{Af} 的一阶与二阶动态影响最大偏差率不超过 10%，所以这 3 个参数在变化 ±20% 之内时可以用对 ΔX_{Af} 的一阶动态影响近似代替二阶动态影响。

其余参数，即 α_1、α_2、α_3、α_4、α_6、α_7、α_8、α_9、α_{11}，当变化达到 ±20% 时，对 ΔX_{Af} 的一阶与二阶动态影响最大偏差率较大，此时如果用对 ΔX_{Af} 的一阶动态影响近似代替二阶动态影响，则会在较大程度上影响分析结果。

(2) 从各参数在相同变化量 (20%) 时对阻抗实际位置变化量 ΔX_{Af} 的二阶动态影响规律来分析。

参数 α_1、α_9 和 α_{11} 对 ΔX_{Af} 的影响变化规律相同，在足端运动速度为零时，这 3 个参数对 ΔX_{Ap} 的影响最大，并且随着足端正弦阻抗实际位置变化量发生近似负余弦变化。

参数 α_3、α_5 和 α_6 对 ΔX_{Af} 的影响变化规律虽不完全相同，但当参数变化量为正时，全周期均会增加 ΔX_{Af}；当参数变化量为负时，全周期均会减小 ΔX_{Af}。而参数 α_4、α_7、α_{10} 和 α_{12} 对 ΔX_{Af} 的影响与上述 3 个参数正好相反，当参数变化量为正时，全周期均会减小 ΔX_{Af}；当参数变化量为负时，全周期均会增加 ΔX_{Af}。

其他参数 α_2、α_8 对 ΔX_{Af} 的影响变化规律正好相反。其中，参数 α_2 对 ΔX_{Af} 的影响随着足端正弦阻抗实际位置变化量发生近似正弦变化，而对参数 α_5 来说，该变化为负正弦变化。

5.2.3 不同工况下各参数同一变化量对阻抗实际位置的影响

本节分析 9 种工况下参数变化 (以变化 20% 为例) 对 ΔX_{Af} 产生的二阶动态变化 ΔY_f，如图 5.4 所示。

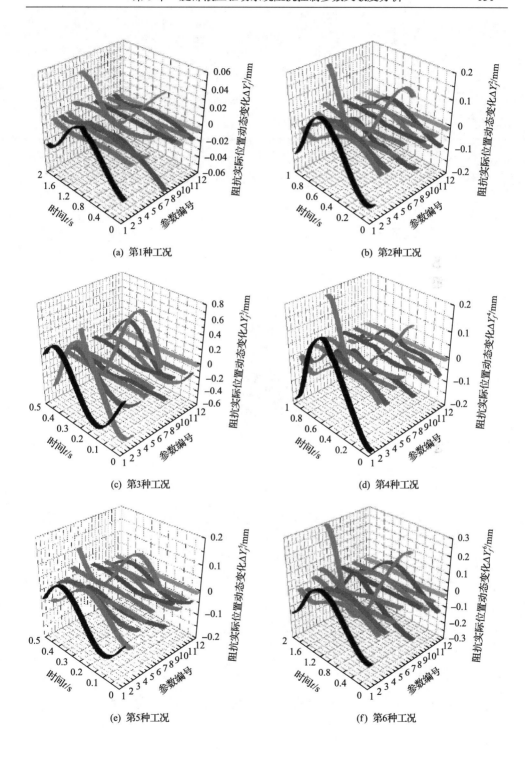

(a) 第1种工况

(b) 第2种工况

(c) 第3种工况

(d) 第4种工况

(e) 第5种工况

(f) 第6种工况

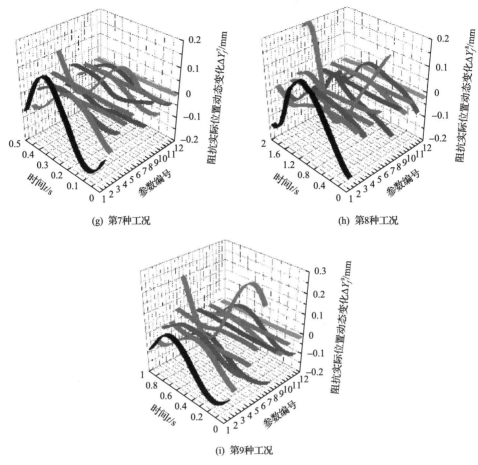

(g) 第7种工况   (h) 第8种工况

(i) 第9种工况

图 5.4　9 种工况下参数变化 20%时对 ΔX_{Af} 产生的二阶动态变化 ΔY_f

由图 5.4 分析所得结论与基于位置的阻抗控制时类似，在同一工况下，各参数在变化 20%时对 ΔX_{Af} 的二阶动态影响均有差异；不同工况下的同一参数在变化 20%时对 ΔX_{Af} 的二阶动态影响发生动态变化。在 5.3 节中也将针对上述的"差异性"进行灵敏度定量分析。

5.3　基于位置的阻抗控制灵敏度定量分析

5.3.1　灵敏度指标

在 5.1.3 节和 5.2.3 节中分别给出了 9 种工况下参数变化 20%时对 ΔX_{Ap} 和 ΔX_{Af} 的二阶动态影响，为了更加直观地量化这些动态影响，掌握各参数的灵敏度特性，本节定义两种灵敏度指标。

对于正弦响应，幅值衰减与相角滞后是评价其响应的重要性能指标。针对性能指标幅值衰减，定义当参数变化时，一个正弦周期内幅值衰减变化量的平均值为第 1 种灵敏度指标 S_1。

当系统采用基于位置的阻抗控制时，S_1 可表示为

$$S_1 = \text{mean}(\Phi_{1p} + \Phi_{2p}) \tag{5.3}$$

$$
\begin{aligned}
\Phi_{1p} &= [\max(\Delta X_{Dp}) - \max(\Delta X_{Ap} - \Delta Y_p^i)] - [\max(\Delta X_{Dp}) - \max(\Delta X_{Ap})] \\
&= \max(\Delta X_{Ap}) - \max(\Delta X_{Ap} - \Delta Y_p^i)
\end{aligned} \tag{5.4}
$$

$$
\begin{aligned}
\Phi_{2p} &= [\min(\Delta X_{Dp}) - \min(\Delta X_{Ap})] - [\min(\Delta X_{Dp}) - \min(\Delta X_{Ap} - \Delta Y_p^i)] \\
&= \min(\Delta X_{Ap} - \Delta Y_p^i) - \min(\Delta X_{Ap})
\end{aligned} \tag{5.5}
$$

当系统采用基于力的阻抗控制时，S_1 可表示为

$$S_1 = \text{mean}(\Phi_{1f} + \Phi_{2f}) \tag{5.6}$$

$$
\begin{aligned}
\Phi_{1f} &= [\max(\Delta X_{Df}) - \max(\Delta X_{Af} - \Delta Y_f^i)] - [\max(\Delta X_{Df}) - \max(\Delta X_{Af})] \\
&= \max(\Delta X_{Af}) - \max(\Delta X_{Af} - \Delta Y_f^i)
\end{aligned} \tag{5.7}
$$

$$
\begin{aligned}
\Phi_{2f} &= [\min(\Delta X_{Df}) - \min(\Delta X_{Af})] - [\min(\Delta X_{Df}) - \min(\Delta X_{Af} - \Delta Y_f^i)] \\
&= \min(\Delta X_{Af} - \Delta Y_f^i) - \min(\Delta X_{Af})
\end{aligned} \tag{5.8}
$$

针对性能指标相角滞后，定义当参数变化时，一个正弦周期内相角滞后变化量的平均值为第 2 种灵敏度指标 S_2。

当系统采用基于位置的阻抗控制时，S_2 可表示为

$$S_2 = \text{mean}(\psi_p) \tag{5.9}$$

$$
\begin{aligned}
\Psi_p = {} & \left\{ \arcsin\left[\frac{\Delta X_{Dp}}{\max(\Delta X_{Dp})}\right] - \arcsin\left[\frac{\Delta X_{Ap} - \Delta Y_p^i}{\max(\Delta X_{Ap} - \Delta Y_p^i)}\right] \right\} \\
& - \left\{ \arcsin\left[\frac{\Delta X_{Dp}}{\max(\Delta X_{Dp})}\right] - \arcsin\left[\frac{\Delta X_{Ap}}{\max(\Delta X_{Ap})}\right] \right\}
\end{aligned} \tag{5.10}
$$

当系统采用基于力的阻抗控制时，S_2 可表示为

$$S_2 = \text{mean}(\psi_f) \tag{5.11}$$

$$\Psi_f = \left\{ \arcsin\left[\frac{\Delta X_{Df}}{\max(\Delta X_{Df})}\right] - \arcsin\left[\frac{\Delta X_{Af} - \Delta Y_f^i}{\max(\Delta X_{Af} - \Delta Y_f^i)}\right] \right\} \\ - \left\{ \arcsin\left[\frac{\Delta X_{Df}}{\max(\Delta X_{Df})}\right] - \arcsin\left[\frac{\Delta X_{Af}}{\max(\Delta X_{Af})}\right] \right\}$$

(5.12)

5.3.2　同一工况下一阶与二阶矩阵灵敏度对比分析

由一阶矩阵灵敏度方程组可以看出，在使用一阶矩阵灵敏度分析方法时，参数变化量与系统输出的变化量呈线性关系，所以各参数在-20%～20%变化时，它们对阻抗实际位置的影响呈线性变化；而由二阶矩阵灵敏度方程组可以看出，在使用二阶矩阵灵敏度分析方法时，参数变化量与系统输出变化量呈非线性关系。因此，一旦在某一参数变化时，通过二阶矩阵灵敏度分析方法与一阶矩阵灵敏度分析方法所计算出的结果差距较大，则说明在实际情况下，当该参数的变化量大于上述参数变化量时，使用一阶矩阵灵敏度分析方法的结果将存在较大误差。

结合 5.3.1 节中确定的两种灵敏度指标式(5.3)和式(5.9)，计算得出在系统采用基于位置的阻抗控制，各参数在-20%～20%变化时，第 1 种工况下第 1 种灵敏度指标柱形图如图 5.5 所示。在仿真过程中发现，当采用两种灵敏度指标进行分

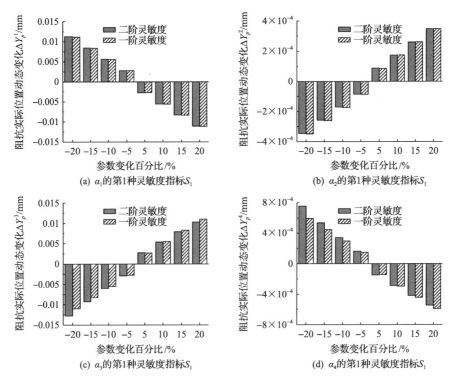

(a) α_1的第1种灵敏度指标S_1

(b) α_2的第1种灵敏度指标S_1

(c) α_3的第1种灵敏度指标S_1

(d) α_4的第1种灵敏度指标S_1

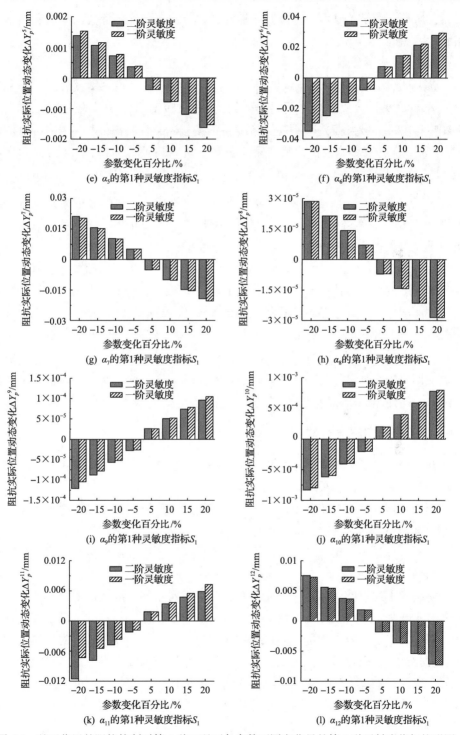

图 5.5　基于位置的阻抗控制时第 1 种工况下各参数不同变化量的第 1 种灵敏度指标柱形图

析时，所得分析结论基本一致，限于篇幅，本节不再列出各参数的第 2 种灵敏度
指标柱形图。

从图 5.5 中可以看出：

(1)参数 α_1、α_2、α_7、α_8、α_{10} 和 α_{12} 在使用一阶矩阵灵敏度分析方法和二
阶矩阵灵敏度分析方法时，所得出的第 1 种灵敏度指标 S_1 十分相近，它们在
±20%变化时，最大偏差率不超过 5%，所以这 6 个参数在±20%之内可以用对
ΔX_{Ap} 的一阶定量影响近似代替二阶定量影响。需要特别说明的是，根据 α_1、α_2、
α_8、α_{10} 和 α_{12} 的灵敏度动态分析，得出它们在±20%之内可以用对 ΔX_{Ap} 的一阶
动态影响近似代替二阶动态影响，这说明这 5 个参数在±20%之内无论是进行灵
敏度动态分析还是进行定量分析，都可以使用一阶灵敏度分析结果近似代替二
阶灵敏度分析结果。

(2)参数 α_3、α_4、α_5、α_6、α_9 和 α_{11} 在使用一阶矩阵灵敏度分析方法和二
阶矩阵灵敏度分析方法时，所得出的第 1 种灵敏度指标 S_1 的偏差随着参数变化量
的增加而增加，尤其当参数变化量达到±20%时，偏差率超过了 10%，此时如果
用对 ΔX_{Ap} 的一阶动态影响近似代替二阶动态影响，则会引起很大误差。

综上所述，只有 α_1、α_2、α_8、α_{10} 和 α_{12} 这 5 个参数在±20%之内变化时，
可以使用一阶矩阵灵敏度分析方法进行计算；其余 7 个参数为保证灵敏度分析结
果准确，需使用二阶矩阵灵敏度分析方法进行计算。

5.3.3　不同工况下二阶矩阵灵敏度对比分析

在定量掌握了第 1 种工况下各参数的变化对基于位置/力的阻抗控制阻抗实际
位置的影响后，还需要关心以下两个问题：

第一，是否在该种工况下所得各参数的灵敏度分析结果可以适用于其他 8 种
工况，甚至更多的工况；

第二，如果不适用，那么同一参数在不同工况下的灵敏度分析结果变化规律
到底如何。

解决了上述疑问，就可以定量地掌握各参数在不同工况下的变化规律，而且
当实际工况为本书所设定的 9 种工况之外时，可以根据已得出的灵敏度变化规律
为计算实际工况下各参数的灵敏度提供重要参考。此外，还可以针对所得出的灵
敏度变化规律进行有针对性的结构优化设计与系统柔顺性补偿控制，对灵敏度较
大的工况进行重点优化，对灵敏度较小的工况进行次要优化或不进行优化。

结合 5.3.1 节中确定的两种灵敏度指标，计算得出系统基于位置的阻抗控制，
各参数在 20%时所有 9 种工况下的两种灵敏度指标柱形图如图 5.6 所示。

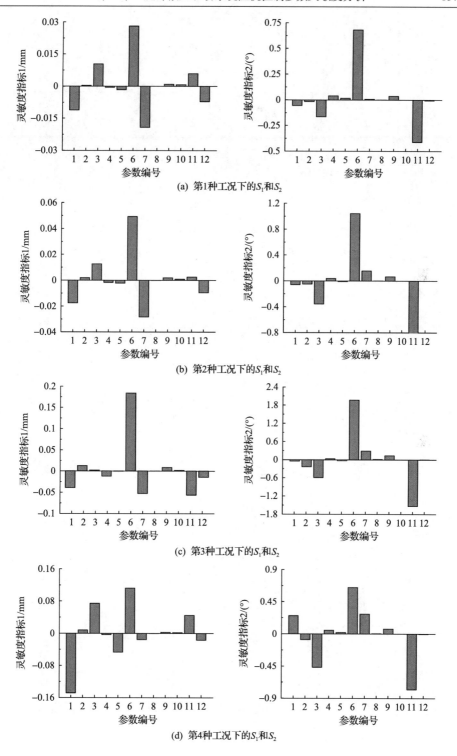

(a) 第1种工况下的S_1和S_2

(b) 第2种工况下的S_1和S_2

(c) 第3种工况下的S_1和S_2

(d) 第4种工况下的S_1和S_2

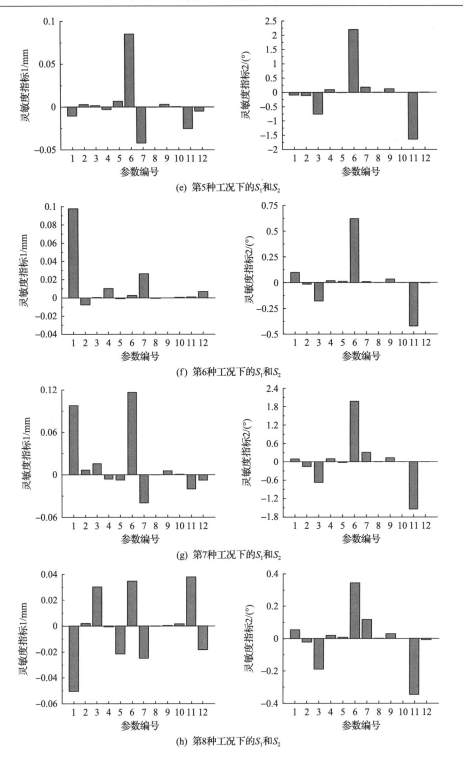

(e) 第5种工况下的S_1和S_2

(f) 第6种工况下的S_1和S_2

(g) 第7种工况下的S_1和S_2

(h) 第8种工况下的S_1和S_2

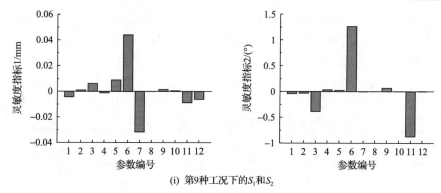

(i) 第9种工况下的S_1和S_2

图 5.6 基于位置的阻抗控制时不同工况下各参数不同变化量的两种灵敏度指标柱形图

由图 5.6 可以看出:

(1)在相同工况下,对比各参数的两种灵敏度指标可以看出,各个参数增大 20%对 ΔX_{Ap} 的幅值衰减和相角滞后的影响是不同的。参数 α_8 和 α_{10} 相对于其他参数在选定的 9 种工况中,其两种灵敏度指标很小,从而可以认为这两个参数的小范围波动对 ΔX_{Ap} 产生的影响很小。对于参数 α_{12},可以看出这个参数增大 20%对 ΔX_{Ap} 的相角滞后这一灵敏度指标影响非常小。

(2)各参数的增加对 ΔX_{Ap} 的幅值衰减和相角滞后既有促进作用,也有抑制作用。以参数 α_6 和 α_9 为例,在多数工况下,参数 α_6 增大 20%之后,会较大幅度地增加 ΔX_{Ap} 的幅值衰减和相角滞后;而参数 α_9 增大 20%之后,也会小幅度地增加两个灵敏度指标的数值,然而其对幅值衰减指标的增加作用却很小。依据图 5.6 给出的柱形图,从提高阻抗控制性能的角度出发,针对在某工况下对性能影响较大的参数,尝试增大其中对系统控制性能有促进作用的参数,减小有抑制作用的参数,将有助于提升整体控制性能;针对在某工况下对位置控制性能影响较小的参数,在实际工作中就可以忽略这些参数的小范围波动。

(3)正弦响应的幅值衰减和相角滞后这两个评价指标,分别有侧重地对应着基于位置的阻抗控制系统的控制精度和响应快速性,但从柱形图中可以发现,不是所有参数都能同时促进或同时抑制这两个评价指标,如参数 α_2、α_3、α_4 和 α_7,其中参数 α_2 和 α_3 的增加会使幅值衰减有较小幅度的增加,但与此同时相角滞后会有所减小;而参数 α_4 和 α_7 在多数工况下的增加会在一定程度上使幅值衰减减小,但相角滞后会有小幅度的增加。

(4)随着工况的变化,同一参数的两种灵敏度指标相对于其余参数的两种灵敏度指标所占比例是变化的,比较明显的是参数 α_1、α_6、α_7 和 α_{11} 所占比例在某些工况下很大,但是在某些工况下就会变得很小,甚至在一些工况下会出现正负相反的情况,这就表明了若想通过参数优化或者控制补偿来提高液压驱动系统的性能,需要将工况作为重要的影响因素,从而通过综合考虑工况变化寻找对应的主要影响参数并进行优化和补偿。

(5)不同参数的两种灵敏度指标在某一工况下的数量级与该工况下的幅值衰减量和相位滞后量直接相关。也就是说，当某个工况下的幅值衰减或相位滞后较大时，在该工况下所对应的 S_1 或者 S_2 的数量级就大。

为更清晰地掌握不同工况下各参数灵敏度指标的变化规律，基于正交实验理论，得到各参数在20%时两种灵敏度指标的正交分析表分别如表5.3和表5.4所示，由两表可以清晰地看出各参数灵敏度指标的变化规律。

表 5.3　基于位置的阻抗控制时各参数第 1 种灵敏度指标的正交分析表

因素	参数											
	α_1				α_2				α_3			
	P_s	Z_D^Y	f	A	P_s	Z_D^Y	f	A	P_s	Z_D^Y	f	A
k_1	−2.3	−6.6	−2.3	−2.2	0.5	0.5	0.1	−1.0	0.8	3.3	1.7	−12.6
k_2	−5.5	−2.6	−7.0	−2.1	0.4	0.2	−0.8	0.3	2.9	1.5	−10.1	1.3
k_3	−4.4	−3.0	−2.9	−7.9	−0.8	−0.7	0.7	0.7	−11.4	−12.6	0.6	3.6
R	3.2	4.0	4.7	5.8	1.3	1.2	1.5	1.7	14.3	15.9	11.8	16.2

因素	参数											
	α_4				α_5				α_6			
	P_s	Z_D^Y	f	A	P_s	Z_D^Y	f	A	P_s	Z_D^Y	f	A
k_1	−0.5	−0.3	−0.1	1.0	−0.2	−1.9	−0.7	0.9	8.7	8.6	3.0	45.9
k_2	−0.2	−0.2	1.0	−0.3	−1.2	−0.6	−0.9	−0.2	7.5	5.6	47.5	6.4
k_3	0.9	0.7	−0.7	−0.5	−0.2	0.8	−0.1	−2.3	47.1	49.1	12.9	11.0
R	1.4	1.0	1.7	1.5	1.0	2.7	0.8	3.2	39.6	43.5	44.5	39.5

因素	参数											
	α_7				α_8				α_9			
	P_s	Z_D^Y	f	A	P_s	Z_D^Y	f	A	P_s	Z_D^Y	f	A
k_1	−3.3	−2.5	−2.2	−2.2	0.0	0.0	−0.7	0.1	0.4	0.3	0.1	2.4
k_2	−2.6	−3.2	−1.7	−3.0	−0.7	0.0	0.1	−0.7	0.2	0.2	2.4	0.3
k_3	−2.4	−2.7	−4.5	−3.1	0.1	−0.6	0.0	0.1	2.4	2.5	0.6	0.4
R	0.9	0.7	2.8	0.9	0.8	0.6	0.8	0.8	2.2	2.3	2.3	2.1

因素	参数											
	α_{10}				α_{11}				α_{12}			
	P_s	Z_D^Y	f	A	P_s	Z_D^Y	f	A	P_s	Z_D^Y	f	A
k_1	0.1	0.1	0.1	0.0	−1.6	1.0	0.5	−0.8	−1.0	−1.1	−1.2	−0.2
k_2	0.1	0.1	0.1	0.1	0.9	−0.7	0.3	−0.4	−1.1	−1.1	−0.7	−0.9
k_3	0.1	0.1	0.1	0.2	0.4	−2.8	−3.4	−0.4	−0.7	−0.7	−0.9	−0.17
R	0.0	0.0	0.0	0.2	2	3.8	3.9	0.4	0.4	0.4	0.5	0.15

表 5.4　基于位置的阻抗控制时各参数第 2 种灵敏度指标的正交分析表

因素	参数											
	α_1				α_2				α_3			
	P_s	Z_D^Y	f	A	P_s	Z_D^Y	f	A	P_s	Z_D^Y	f	A
k_1	−5.5	3.3	−0.8	−6.4	5.7	−8.5	−1.9	−5.3	−37.1	−43.5	−18.7	−43.8
k_2	4.4	−3.0	5.1	−6.2	−6.9	−6.1	−5.5	−7.5	−46.8	−44.3	−40.3	−40.3
k_3	−2.7	−4.2	−8.1	8.7	−7.3	6.2	−1.1	4.3	−42.6	−38.7	−67.5	−42.4
R	9.9	7.5	13.2	15.1	13.0	14.7	4.4	11.8	9.7	5.6	48.8	3.5

因素	参数											
	α_4				α_5				α_6			
	P_s	Z_D^Y	f	A	P_s	Z_D^Y	f	A	P_s	Z_D^Y	f	A
k_1	3.9	6.3	2.6	5.6	−1.0	0.2	1.2	1.1	123.0	110.0	56.4	138.1
k_2	5.4	5.2	4.2	5.2	0.8	−0.3	1.1	−0.9	115.6	121.0	98.5	121.0
k_3	5.2	3.0	7.7	3.7	0.1	0.0	−2.4	−0.3	120.7	128.3	204.5	100.2
R	1.5	3.3	5.1	1.9	1.8	0.5	3.6	2.0	7.4	18.3	148.1	37.9

因素	参数											
	α_7				α_8				α_9			
	P_s	Z_D^Y	f	A	P_s	Z_D^Y	f	A	P_s	Z_D^Y	f	A
k_1	15.0	19.8	4.9	73.3	0.7	0.5	0.1	0.4	7.9	7.9	−3.4	7.7
k_2	82.7	82.8	14.2	15.8	0.7	0.4	0.3	0.5	7.6	7.5	6.7	7.7
k_3	14.6	9.7	93.3	23.2	0.5	0.6	1.1	0.7	7.7	7.8	13.1	7.9
R	68.1	73.1	88.4	57.5	0.2	0.2	1.0	0.3	0.3	0.4	9.7	0.2

因素	参数											
	α_{10}				α_{11}				α_{12}			
	P_s	Z_D^Y	f	A	P_s	Z_D^Y	f	A	P_s	Z_D^Y	f	A
k_1	0.0	4.3	0.0	−0.1	−91.7	−91.3	−40.9	−97.5	−2.8	−0.2	−0.7	0.3
k_2	−0.1	−0.1	−0.1	4.4	−94.8	−94.5	−82.0	−92.5	0.0	−2.6	−2.8	−2.4
k_3	4.4	0.0	4.4	0.0	−93.9	−94.5	−157.4	−90.2	0.0	0.1	0.6	−0.4
R	4.5	4.4	4.5	4.5	3.1	3.2	116.5	7.3	2.8	2.7	3.4	2.7

从表 5.3 和表 5.4 可以看出：

(1)针对 1 个因素的某一水平影响均值 k_β（$\beta=1,2,3$）进行分析，如参数 α_6 和

α_{11}，可以发现在 k_3 水平下的供油压力 P_s 和足端 Y 轴阻抗特性 Z_D^Y、k_2 水平下的频率 f 和 k_1 水平下的幅值 A 等因素对这两个参数的灵敏度分析结果影响较大，正交分析数值远大于各水平变化的比例。同时，频率 f 对参数 α_1 和 α_5 的 S_2 的正负性产生影响。对 α_1 而言，各个因素的变化对该参数的 S_1 和 S_2 的影响均不大。

(2)针对 1 个因素的影响方差 R 进行分析，如参数 α_4 和 α_7，频率 f 是影响这两个参数的 S_1 的主要因素；另外，频率 f 也对参数 α_3、α_6、α_8 和 α_{11} 的 S_2 有着比较显著的影响。同时经过整理和总结，也可以发现对于各个参数的 S_2，多数情况下频率 f 的影响都要大于其他 3 个影响因素，这说明对于相位滞后影响最大的因素是频率 f。

5.4　基于力的阻抗控制灵敏度定量分析

5.4.1　同一工况下一阶与二阶矩阵灵敏度对比分析

结合 5.3 节中确定的两种灵敏度指标式(5.6)和式(5.11)，计算得出在系统采用基于力的阻抗控制，各参数在-20%～20%变化时，第 1 种工况下的第 1 种灵敏度指标柱形图，如图 5.7 所示。

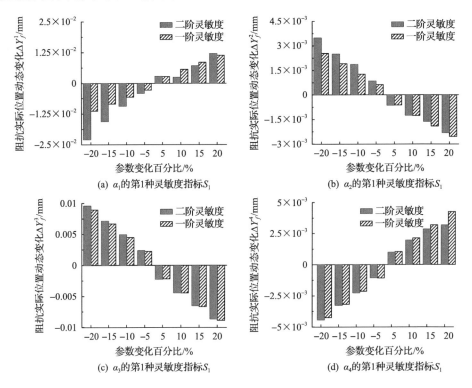

(a) α_1 的第1种灵敏度指标 S_1

(b) α_2 的第1种灵敏度指标 S_1

(c) α_3 的第1种灵敏度指标 S_1

(d) α_4 的第1种灵敏度指标 S_1

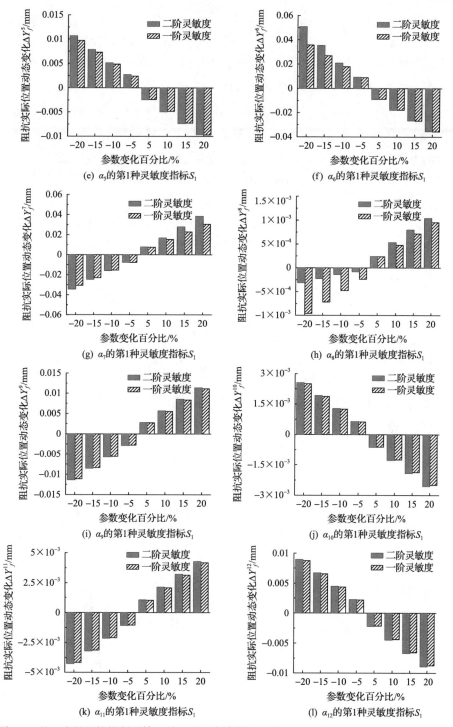

图 5.7　基于力的阻抗控制时第 1 种工况下各参数不同变化量的第 1 种灵敏度指标柱形图

由图 5.7 可以看出:

(1)参数 α_3、α_5、α_9、α_{10}、α_{11} 和 α_{12} 在使用一阶矩阵灵敏度分析方法和二阶矩阵灵敏度分析方法时,所得出的第 1 种灵敏度指标十分相近,它们在 ±20% 变化时,最大偏差率不超过 5%,因此这 6 个参数在 ±20% 之内变化时可以用对 ΔX_{Af} 的一阶定量影响近似代替二阶定量影响。需要特别说明的是,在 3.3 节的灵敏度动态分析中,得出参数 α_5、α_{10} 和 α_{12} 在 ±20% 之内变化时可以用对 ΔX_{Af} 的一阶动态影响近似代替二阶动态影响,这说明这 3 个参数在 ±20% 之内变化时无论是进行灵敏度动态分析还是进行定量分析,都可以使用一阶灵敏度分析结果近似代替二阶灵敏度分析结果。

(2)参数 α_1、α_2、α_4、α_6、α_7 和 α_8 在使用一阶矩阵灵敏度分析方法和二阶矩阵灵敏度分析方法时,所得出的第 1 种灵敏度指标偏差各不相同,尤其当参数变化量达到 ±20% 时,偏差率都超过了 10%,个别参数如 α_2 和 α_7 的一二阶指标偏差率甚至超过 50%,此时如果用对 ΔX_{Af} 的一阶动态影响近似代替二阶动态影响,则会较大地影响分析结果。

综上所述,只有 α_5、α_{10} 和 α_{12} 这 3 个参数在 ±20% 之内变化时,可以使用一阶矩阵灵敏度分析方法求解;其余 9 个参数为保证灵敏度分析结果准确,需使用二阶矩阵灵敏度分析方法求解。

相对于采用基于位置的阻抗控制,第 1 种工况下各参数不同变化量时的两种灵敏度指标与其余工况下各参数不同变化量时的两种灵敏度指标所得分析结果相近,由于篇幅限制,本节不再给出分析结果。

5.4.2　不同工况下二阶矩阵灵敏度对比分析

结合两种灵敏度指标,计算得出系统基于力的阻抗控制,当各参数在 20% 时,所有 9 种工况下两种灵敏度指标柱形图如图 5.8 所示。

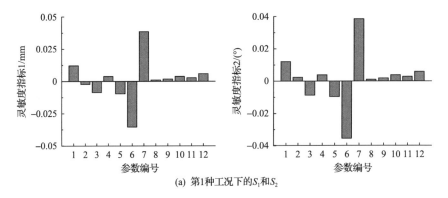

(a) 第1种工况下的S_1和S_2

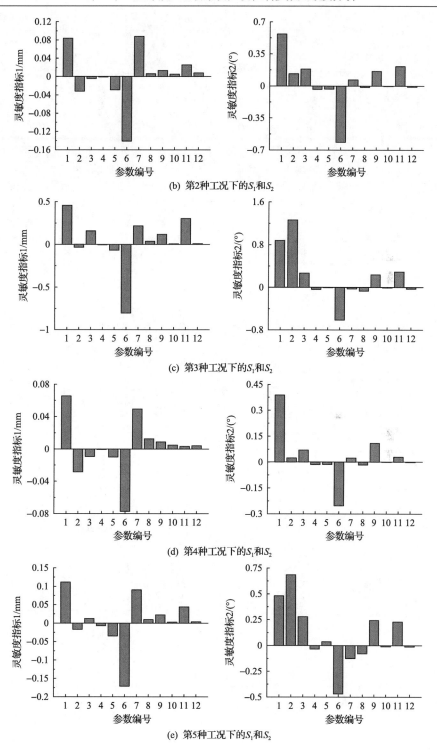

(b) 第2种工况下的S_1和S_2

(c) 第3种工况下的S_1和S_2

(d) 第4种工况下的S_1和S_2

(e) 第5种工况下的S_1和S_2

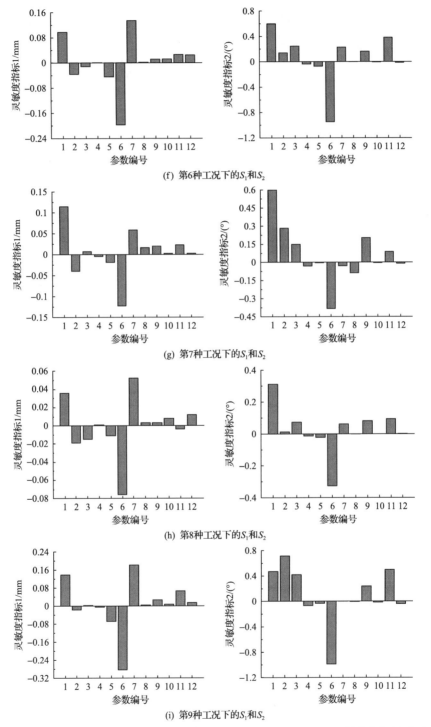

(f) 第6种工况下的S_1和S_2

(g) 第7种工况下的S_1和S_2

(h) 第8种工况下的S_1和S_2

(i) 第9种工况下的S_1和S_2

图 5.8　基于力的阻抗控制时不同工况下各参数不同变化量的两种灵敏度指标柱形图

如图 5.8 所示，在 9 种工况下的每种因素对灵敏度特性的影响如下所述：

(1)各参数的增加对 ΔX_{Af} 的幅值衰减和相角滞后有促进作用，也有抑制作用。以参数 α_1、α_5、α_6、α_9 和 α_{11} 为例，其中参数 α_5 和 α_6 增大 20%之后，均会减小 ΔX_{Af} 的幅值衰减和相角滞后；而参数 α_1、α_9 和 α_{11} 的增大则会增大 ΔX_{Af} 的幅值衰减和相角滞后。从液压驱动单元的结构优化设计及阻抗控制策略优化的角度，针对在某工况下对阻抗控制性能影响较大的参数，尝试增大其对系统控制性能有促进作用的参数，而减小其中有抑制作用的参数，将有助于提高系统的整体控制性能；针对在某工况下对阻抗控制性能影响较小的参数，在实际工作中就可以不考虑这些参数的小范围波动对系统的影响。

(2) ΔX_{Af} 的幅值衰减和相角滞后这两种性能指标，分别有侧重地对应着基于力的阻抗控制系统的控制精度和响应快速性，但从柱形图中可以发现，不是所有参数都是同时促进或同时抑制这两种性能指标的，如参数 α_2、α_7 和 α_{12}，其中参数 α_2 的增加会在一定程度上减小幅值衰减，但与此同时相角滞后会有所增加；参数 α_7 和 α_{12} 的增加会引起小幅度的幅值衰减，但对于相角滞后的变化，其规律性不够强。

(3)随着工况的变化，同一参数的两种灵敏度指标相对于其余参数的两种灵敏度指标所占比例是变化的，比较明显的是参数 α_1、α_2、α_7 和 α_{12} 所占比例在某些工况下很大，但是在某些工况下就会变得很小，这就表明了若想通过参数优化或者控制补偿来提高系统的控制性能，需要将工况作为重要因素，通过综合考虑工况变化对应的重要影响参数进行优化和补偿。

(4)不同参数的两种灵敏度指标在某一工况下的数量级与该工况下的幅值衰减量和相位滞后量直接相关。也就是说，当某一工况下幅值衰减或相位滞后大时，在该工况下所对应的 S_1 或者 S_2 的数量级就大。

为更清晰地掌握不同工况下各参数灵敏度指标的变化规律，基于正交实验理论，得到各参数在 20%时两种灵敏度指标的正交分析表分别如表 5.5 和表 5.6 所示，由两表可以清晰地看出各参数灵敏度指标的变化规律。

从表 5.5 和表 5.6 可以看出：

(1)针对 1 个因素的某一水平影响均值 k_β（$\beta = 1,2,3$）进行分析可以得出，对于 α_1 和 α_6 两个参数，供油压力 P_s 和足端 Y 轴阻抗特性 Z_D^Y 这两个因素的变化对这两个参数的 S_1 的影响比较大，另外频率 f 甚至会影响参数 α_6 的正负性；对参数 α_5、α_7、α_8、α_9、α_{10}、α_{11} 和 α_{12} 而言，各个因素的变化对该参数的 S_2 的影响均不大，但频率 f 的变化是影响参数 α_6 的主要因素；另外，对参数 α_4 而言，各个因素的变化对该参数的 S_1 和 S_2 的影响均不大。

表 5.5　基于力的阻抗控制时各参数第 1 种灵敏度指标 S_1 的正交分析表　（单位：$10^{-2}(°)$）

因素	α_1				α_2				α_3			
	P_s	Z_D^Y	f	A	P_s	Z_D^Y	f	A	P_s	Z_D^Y	f	A
k_1	18.4	5.8	4.9	8.7	6.0	2.8	−1.9	−1.2	4.8	−1.9	−1.2	0.2
k_2	9.1	7.7	9.6	9.3	−2.7	−0.2	−0.5	3.7	−0.3	−0.2	−0.4	−1.9
k_3	9.1	23.1	22.2	18.6	2.6	3.2	8.3	3.4	−1.7	5.0	4.4	4.5
R	9.3	17.3	17.3	9.9	8.7	3.4	10.2	4.9	6.5	6.9	5.6	6.4

因素	α_4				α_5				α_6			
	P_s	Z_D^Y	f	A	P_s	Z_D^Y	f	A	P_s	Z_D^Y	f	A
k_1	0.3	0.3	0.2	−0.3	−3.5	−0.8	−2.2	−3.8	−32.6	−4.4	−10.3	−16.3
k_2	−0.2	−0.2	−0.2	0.3	−3.0	−2.5	−3.6	−2.6	−14.9	−12.9	−16.7	−11.9
k_3	0.1	0.0	0.1	0.2	−2.8	−6.0	−3.5	−2.9	−12.6	−42.8	−33.1	−31.8
R	0.5	0.5	0.4	0.6	0.7	5.2	1.4	1.2	20.0	38.4	22.8	19.9

因素	α_7				α_8				α_9			
	P_s	Z_D^Y	f	A	P_s	Z_D^Y	f	A	P_s	Z_D^Y	f	A
k_1	15.5	−1.1	7.5	10.3	1.5	2.4	0.2	0.5	4.5	0.9	0.5	1.7
k_2	9.1	7.7	10.6	3.3	0.8	0.6	0.7	2.2	1.4	1.3	1.6	1.4
k_3	3.7	17.8	6.2	10.6	2.2	1.4	3.5	1.8	1.5	5.2	5.2	4.4
R	7.8	18.9	4.4	7.3	1.4	1.8	3.3	1.7	3.1	4.3	4.7	3.0

因素	α_{10}				α_{11}				α_{12}			
	P_s	Z_D^Y	f	A	P_s	Z_D^Y	f	A	P_s	Z_D^Y	f	A
k_1	0.6	1.0	0.8	0.5	1.1	0.3	0.8	3.8	0.8	1.1	1.4	0.8
k_2	0.7	0.5	0.6	1.2	2.4	2.2	3.2	1.8	1.1	0.8	0.9	1.8
k_3	1.2	0.9	1.0	0.7	2.2	13.2	11.7	10.1	1.6	1.7	1.3	0.9
R	0.6	0.5	0.4	0.7	8.9	12.9	10.9	8.3	0.8	0.9	0.5	1.0

表 5.6　基于力的阻抗控制时各参数第 2 种灵敏度指标 S_2 的正交分析表　（单位：$10^{-2}(°)$）

因素	参数											
	α_1				α_2				α_3			
	P_s	Z_D^Y	f	A	P_s	Z_D^Y	f	A	P_s	Z_D^Y	f	A
k_1	23.2	42.0	22.8	40.9	46.8	10.5	20.6	46.8	16.6	8.9	8.7	24.9
k_2	32.2	45.4	47.5	42.1	43.6	27.6	29.1	33.8	16.2	17.9	22.5	15.8
k_3	46.1	14.1	31.2	18.5	33.7	74.4	74.4	43.3	21.4	27.5	23.1	13.6
R	22.9	31.3	24.7	23.6	13.1	53.8	53.8	13.0	5.2	18.6	14.4	11.3

因素	参数											
	α_4				α_5				α_6			
	P_s	Z_D^Y	f	A	P_s	Z_D^Y	f	A	P_s	Z_D^Y	f	A
k_1	−3.1	−2.2	7.1	−4.1	−2.4	−1.7	−3.1	−1.0	−49.8	−30.1	−22.2	−57.5
k_2	6.5	−2..8	−4.1	5.9	−0.5	−0.7	−2.8	−2.6	−26.5	−47.0	−62.0	−35.7
k_3	−3.8	4.6	−3.4	−2.2	−2.0	−2.5	0.9	−1.4	−56.7	−55.8	−48.7	−39.7
R	10.3	7.4	11.2	10.0	1.9	1.8	4.0	1.6	30.2	25.7	39.8	21.8

因素	参数											
	α_7				α_8				α_9			
	P_s	Z_D^Y	f	A	P_s	Z_D^Y	f	A	P_s	Z_D^Y	f	A
k_1	5.4	3.8	−25.6	−0.2	−2.9	−3.6	7.5	−2.9	15.7	12.9	5.1	18.6
k_2	−34.9	0.1	3.0	−30.4	4.5	−3.1	−1.2	4.2	11.7	16.1	17.0	12.1
k_3	1.0	−32.5	−6.0	2.0	−3.1	5.1	−7.8	−2.9	17.5	15.9	22.8	14.3
R	40.3	36.3	28.6	32.4	7.6	8.7	15.3	7.1	5.8	3.2	17.7	6.5

因素	参数											
	α_{10}				α_{11}				α_{12}			
	P_s	Z_D^Y	f	A	P_s	Z_D^Y	f	A	P_s	Z_D^Y	f	A
k_1	−0.6	−0.2	5.4	−1.0	18.6	5.7	4.7	26.1	−1.4	−0.5	12.8	−1.8
k_2	5.0	−0.5	−0.8	5.1	8.4	17.8	24.7	9.8	12.3	−0.7	−1.8	12.1
k_3	−0.7	4.5	−0.9	−0.4	22.7	26.1	20.2	13.8	−1.6	10.5	−1.6	−0.9
R	5.7	5.0	6.3	6.1	14.3	20.0	20.0	16.3	13.9	11.2	14.6	13.9

(2)针对一个因素的影响方差 R 进行分析可以得出,对于参数 α_1、α_2 和 α_8,频率 f 是影响这 3 个参数的 S_1 的主要因素;对于参数 α_5、α_6、α_7 和 α_{11},刚度 Z_D^Y 是影响这 4 个参数的 S_1 的主要因素;对于 α_{12},幅值 A 是影响这一参数的 S_1 的主要因素;对于参数 α_3、α_4、α_9 和 α_{10},各因素对其 S_1 的影响程度近似。另外,各个因素对所有参数的 S_2 的影响也都近似,说明各个因素的改变对相位滞后的影响并不大。

5.5　阻抗控制灵敏度实验研究

5.5.1　实验方案

由于传感元件的限制,上述 12 个参数不能全部测量,然而所有参数的灵敏度分析结果都是基于相同的阻抗控制数学模型和二阶矩阵灵敏度分析模型的,所以如果实验与其中若干可测量的参数的灵敏度分析结论相吻合,即可采用类比法间接地验证不可测量参数的灵敏度特性。

在针对基于位置及力的阻抗控制中,选取了可实时测量的 6 个参数:足端 Y 轴刚度特性 α_1、足端 Y 轴阻尼特性 α_2、膝关节液压驱动单元比例增益 α_9、踝关节液压驱动单元比例增益 α_{10}、膝关节液压驱动单元积分增益 α_{11}、踝关节液压驱动单元积分增益 α_{12}。

本节中分别针对腿部液压驱动单元采用基于位置及力的阻抗控制,对上述 6 个参数进行灵敏度特性实验验证。在上述实验中,采用多样本取平均值的方法以减少实验过程中的偶然性,确保实验结果的精确性。本节中的实验内容分为以下两部分:

(1)针对 5.3.2 节与 5.4.1 节中的研究内容,实验验证在同一工况下各参数变化量不同时对阻抗实际位置的影响;

(2)针对 5.3.3 节与 5.4.2 节中的研究内容,实验验证在不同工况下各参数变化量为 20%时对阻抗实际位置的影响。

5.5.2　同一工况下各主要参数灵敏度实验结果

1. 基于位置的阻抗控制

结合 5.3.1 节中确定的两种灵敏度指标,综合各参数在-20%～20%变化的实验数据,计算得出在系统采用基于位置的阻抗控制时,第 1 种工况下第 1 种灵敏度指标 S_1 实验仿真对比柱形图如图 5.9 所示。

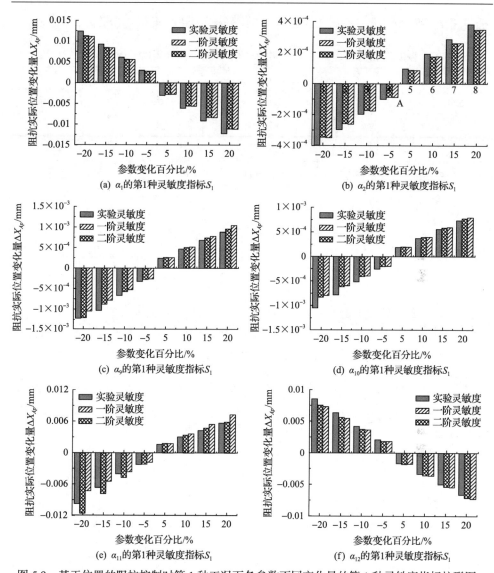

图 5.9　基于位置的阻抗控制时第 1 种工况下各参数不同变化量的第 1 种灵敏度指标柱形图

表 5.7 分别给出实验结果与一阶灵敏度分析方法和二阶灵敏度分析方法的平均偏差百分比，限于篇幅，表中只给出参数变化±20%时的结果。该百分比的计算方法如下：

（一阶或二阶灵敏度分析结果 − 实验灵敏度结果）/实验灵敏度结果

结合图 5.9 与表 5.7 可以看出，参数在−20%～20%变化时由二阶矩阵灵敏度分析方法计算出的结果相比于由一阶矩阵灵敏度分析方法计算出的结果更加接近实验灵敏度结果，其中参数 α_9、α_{11} 和 α_{12} 的实验灵敏度结果与一阶矩阵灵敏度分析方法结果偏差较大，而与二阶矩阵灵敏度分析方法结果偏差显著降低。

表 5.7　参数变化±20%时实验与仿真的灵敏度指标 S_1 平均偏差百分比 （单位：%）

参数	参数变化-20%		参数变化 20%	
	实验与二阶	实验与一阶	实验与二阶	实验与一阶
α_1	9.0	10.2	9.1	9.9
α_2	13.0	12.3	9.1	−8.9
α_9	1.2	14.0	−8.7	17.9
α_{10}	20.9	24.3	−5.3	8.0
α_{11}	−19.8	23.5	−3.3	27.9
α_{12}	11.5	14.6	−7.4	9.6

2. 基于力的阻抗控制

结合 5.3.1 节中确定的两种灵敏度指标，综合各参数在-20%～20%变化时的实验数据，计算得出在系统采用基于力的阻抗控制时，第 1 种工况下第 1 种灵敏度指标 S_1 实验仿真对比柱形图，如图 5.10 所示。

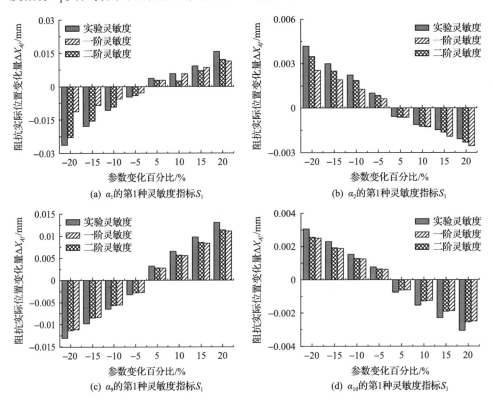

(a) α_1 的第1种灵敏度指标 S_1

(b) α_2 的第1种灵敏度指标 S_1

(c) α_9 的第1种灵敏度指标 S_1

(d) α_{10} 的第1种灵敏度指标 S_1

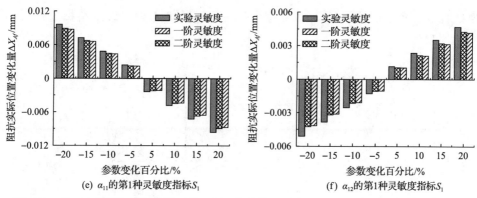

(e) α_{11}的第1种灵敏度指标S_1　　　　　　(f) α_{12}的第1种灵敏度指标S_1

图 5.10　基于力的阻抗控制时第 1 种工况下各参数不同变化量的第 1 种灵敏度指标柱形图

表 5.8 分别给出实验结果与一阶和二阶灵敏度分析的平均偏差百分比。

表 5.8　基于位置的阻抗控制时参数变化±20%时实验与仿真的
灵敏度指标 S_1 平均偏差百分比　　　　　（单位：%）

参数	参数变化-20%		参数变化 20%	
	实验与二阶	实验与一阶	实验与二阶	实验与一阶
α_1	13.1	56.9	−23.1	−27.8
α_2	16.7	39.0	−11.5	−22.6
α_9	13.0	14.8	−13.0	−14.8
α_{10}	16.7	18.3	−16.7	−18.3
α_{11}	7.4	9.2	−7.4	−9.2
α_{12}	16.6	18.2	−9.2	−10.9

结合图 5.9 和图 5.10 及表 5.7 和表 5.8 可以看出，与基于位置的阻抗控制一样，由二阶矩阵灵敏度分析方法所计算出的结果相比于由一阶矩阵灵敏度分析方法所计算出的结果更加接近实验结果。当腿部液压驱动系统采用基于力的阻抗控制时，α_1 和 α_2 的实验结果与一阶矩阵灵敏度分析方法结果的偏差在参数变化-20%时分别为 56.9%和 39.0%，相对于基于位置的阻抗控制时产生的偏差 10.2%和 12.3%相差较大，而当采用二阶矩阵灵敏度分析方法时，该偏差得到了较大程度的改善，分别减小为 13.1%和 16.7%。

5.5.3　不同工况下各主要参数灵敏度实验结果

1. 基于位置的阻抗控制

结合 5.3.1 节中确定的两种灵敏度指标，计算得出在系统采用基于位置的阻抗控制，各参数在 20%时，所有 9 种工况下的第 1 种灵敏度指标的柱形图如图 5.11 所示。

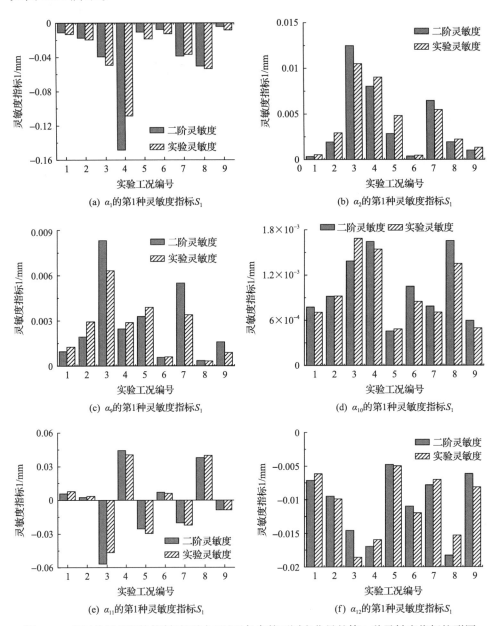

(a) α_1的第1种灵敏度指标S_1

(b) α_2的第1种灵敏度指标S_1

(c) α_9的第1种灵敏度指标S_1

(d) α_{10}的第1种灵敏度指标S_1

(e) α_{11}的第1种灵敏度指标S_1

(f) α_{12}的第1种灵敏度指标S_1

图 5.11　基于位置的阻抗控制时不同工况下各参数不同变化量的第 1 种灵敏度指标柱形图

同样，得到各参数在 20%时所有 9 种工况下的第 2 种灵敏度指标柱形图，如图 5.12 所示。

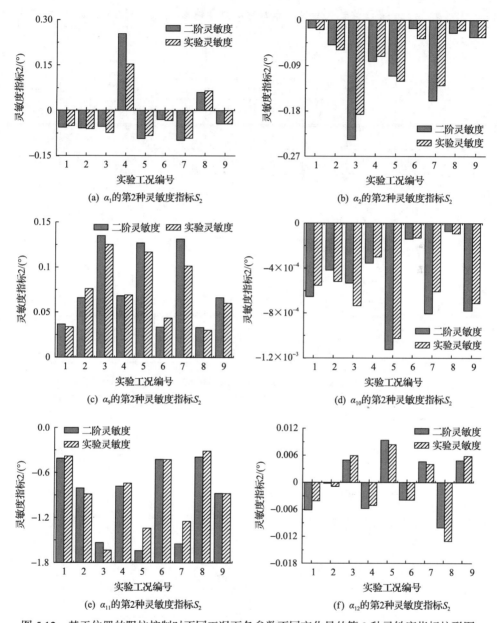

图 5.12　基于位置的阻抗控制时不同工况下各参数不同变化量的第 2 种灵敏度指标柱形图

　　为更清晰地观察实验结果，将上述实验结果做正交分析，得到各参数的两种灵敏度指标正交分析表分别如表 5.9～表 5.14 所示(表中 Exp 表示实验灵敏度结果，Err 表示二阶矩阵灵敏度分析方法结果与实验灵敏度结果之差，表中保留一位小数)。

表 5.9 基于位置的阻抗控制时参数 α_1 的两种灵敏度指标正交分析表

因素	灵敏度指标 S_1 /10^{-2}mm							
	P_s		Z_D^Y		f		A	
	Exp	Err	Exp	Err	Exp	Err	Exp	Err
k_1	−2.7	0.4	−5.3	−1.3	−2.5	0.2	−4.3	2.1
k_2	−7.6	2.1	−5.9	3.3	−4.5	−2.5	−2.3	0.2
k_3	−3.2	−1.2	−2.3	−0.7	−6.5	3.6	−6.9	−1
R	4.9	−1.7	3.6	4.6	4	6.1	4.6	1.9

因素	灵敏度指标 S_2 /10^{-2}(°)							
	P_s		Z_D^Y		f		A	
	Exp	Err	Exp	Err	Exp	Err	Exp	Err
k_1	−6.1	0.6	0.5	0	0.1	0	0.2	−1.2
k_2	−7.9	12.3	0.3	−0.1	0.4	−1.2	0.2	0.1
k_3	−2.3	−0.4	0.2	−0.9	0.4	0.3	0.5	0.2
R	5.6	12.7	0.3	0.9	0.3	1.2	0.3	1.4

表 5.10 基于位置的阻抗控制时参数 α_2 的两种灵敏度指标正交分析表

因素	灵敏度指标 S_1 /10^{-2}mm							
	P_s		Z_D^Y		f		A	
	Exp	Err	Exp	Err	Exp	Err	Exp	Err
k_1	0.1	0.4	0.5	0	0.1	0	0.2	−1.2
k_2	0.5	−0.1	0.3	−0.1	0.4	−1.2	0.2	0.1
k_3	0.3	−1.1	0.2	−0.9	0.4	0.3	0.5	0.2
R	0.4	0.9	0.3	0.9	0.3	1.2	0.3	1.4

因素	灵敏度指标 S_2 /10^{-2}(°)							
	P_s		Z_D^Y		f		A	
	Exp	Err	Exp	Err	Exp	Err	Exp	Err
k_1	3.2	2.5	−7.3	−1.2	−2.5	0.6	−5.3	0
k_2	−7.6	0.7	−6.6	0.5	−5	−0.5	−7.5	0
k_3	−5.6	−1.7	3.1	3.1	−1.5	−0.4	3.3	1.0
R	10.8	4.3	10.4	4.3	3.5	1.0	4.0	1.0

表 5.11　基于位置的阻抗控制时参数 α_9 的两种灵敏度指标正交分析表

因素	灵敏度指标 $S_1/10^{-2}\text{mm}$							
	P_s		Z_D^Y		f		A	
	Exp	Err	Exp	Err	Exp	Err	Exp	Err
k_1	0.4	0	0.3	0	0.1	0	0.2	2.2
k_2	0.2	0	0.2	0	0.2	2.2	0.2	0.1
k_3	0.2	2.2	0.3	2.2	0.5	0.1	0.3	0.1
R	0.2	2.2	0.1	2.2	0.4	2.1	0.1	2.1

因素	灵敏度指标 $S_2/10^{-2}(°)$							
	P_s		Z_D^Y		f		A	
	Exp	Err	Exp	Err	Exp	Err	Exp	Err
k_1	7.7	−0.1	6.8	1.1	3.6	−0.2	7	0.7
k_2	6.4	1.3	7.4	0.1	6.9	−0.2	7.4	0.3
k_3	1.4	−1.1	7.6	0.2	11.4	1.7	7.5	0.4
R	6.3	2.4	0.8	0.9	7.8	1.9	0.5	−0.3

表 5.12　基于位置的阻抗控制时参数 α_{10} 的两种灵敏度指标正交分析表

因素	灵敏度指标 $S_1/10^{-2}\text{mm}$							
	P_s		Z_D^Y		f		A	
	Exp	Err	Exp	Err	Exp	Err	Exp	Err
k_1	0.1	0	0.2	−0.1	0.1	0	0.1	−0.1
k_2	0.1	0	0.1	0	0.1	0	0.1	0
k_3	0.1	0	0.4	−0.3	0.1	0	0.2	0
R	0	0	0.3	0.2	0	0	0.1	0.1

因素	灵敏度指标 $S_2/10^{-2}(°)$							
	P_s		Z_D^Y		f		A	
	Exp	Err	Exp	Err	Exp	Err	Exp	Err
k_1	−0.1	0.1	0	−0.1	0	0	0	−0.1
k_2	0	0.1	0	−0.1	0	−0.1	0	−0.1
k_3	0	0.1	0	0	−0.1	−0.3	0	0
R	0.1	0	0	0.1	0.1	0.2	0	0.1

表 5.13　基于位置的阻抗控制时参数 α_{11} 的两种灵敏度指标正交分析表

因素	灵敏度指标 S_1 /10^{-2}mm							
	P_s		Z_D^Y		f		A	
	Exp	Err	Exp	Err	Exp	Err	Exp	Err
k_1	−1.2	−0.4	0.9	0.1	1.8	−1.3	−1	−0.2
k_2	0.6	0.3	0.5	−1.2	1.2	0.9	−0.4	0
k_3	0.3	−0.1	−1.6	1.2	−3.3	−0.1	1.1	−1.5
R	1.8	0.7	2.5	2.4	5.1	2.2	2.1	1.7

因素	灵敏度指标 S_2 /10^{-2} (°)							
	P_s		Z_D^Y		f		A	
	Exp	Err	Exp	Err	Exp	Err	Exp	Err
k_1	−96.7	5	−78.9	−12.4	−37.2	−3.7	−86.5	−11
k_2	−93.4	−1.4	−84.5	−10	−83.3	1.3	−85.2	−7.3
k_3	−81.2	−12.7	−97.8	3.3	−140.7	−16.7	−89.5	−0.7
R	15.5	−12.3	18.9	−15.7	103.5	13.0	4.3	10.3

表 5.14　基于位置的阻抗控制时参数 α_{12} 的两种灵敏度指标正交分析表

因素	灵敏度指标 S_1 /10^{-2}mm							
	P_s		Z_D^Y		f		A	
	Exp	Err	Exp	Err	Exp	Err	Exp	Err
k_1	−1.2	0.2	−1	−0.1	−1.1	−0.1	−0.6	−1.2
k_2	−1.1	0	−1	−0.1	−1.1	0.4	−1	−1.1
k_3	−1	0.3	−1.3	0.6	−1	0.1	−1.7	−1
R	0.2	0.3	0.3	0.7	0.1	0.5	1.1	0.2

因素	灵敏度指标 S_2 /10^{-2} (°)							
	P_s		Z_D^Y		f		A	
	Exp	Err	Exp	Err	Exp	Err	Exp	Err
k_1	0	−2.8	−0.2	0	−0.7	0	0.3	0
k_2	0	0	−0.2	−2.8	0	−2.8	0	−2.4
k_3	−0.1	0.1	0.3	−0.2	0.6	0	−0.4	0
R	0.1	2.9	0.5	2.6	1.3	2.8	0.7	2.4

　　由图 5.11、图 5.12 和表 5.9~表 5.14 可以看出，在不同工况下实验灵敏度结果变化规律与二阶矩阵灵敏度分析方法结果变化规律相近，验证了二阶灵敏度分析方法结果的准确性。以仿真结果中分析过的 α_{11} 为例，在 k_3 水平下的负载力频率 f 和足端 Y 轴阻抗特性 Z_D^Y、k_2 水平下的负载力频率等因素对该参数的实验灵敏度结果影响较大，正交分析数值远大于各水平变化的比例。同时，针对影响方差

R 进行分析可以看出，频率 f 是影响这两个参数的 S_2 的主要因素。限于篇幅，更多详细的实验结论可参照仿真分析所得结论。

2. 基于力的阻抗控制

结合 5.3.1 节中确定的两种灵敏度指标，计算得出在系统采用基于力的阻抗控制，各参数在 20%时，所有 9 种工况下的第 1 种灵敏度指标柱形图如图 5.13 所示。

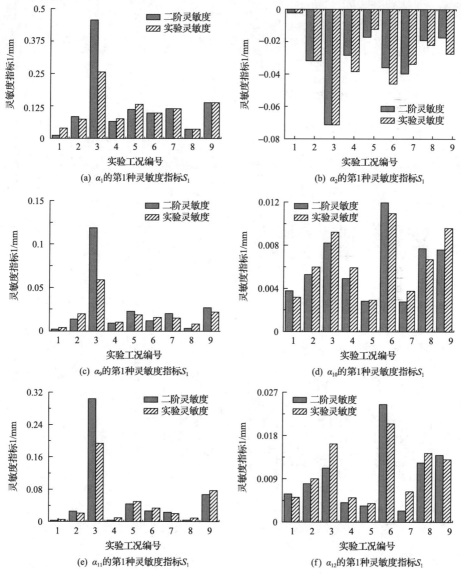

图 5.13 基于力的阻抗控制时不同工况下各参数不同变化量的第 1 种灵敏度指标柱形图

同样，得到各参数在 20%时所有 9 种工况下的第 2 种灵敏度指标柱形图，如图 5.14 所示。

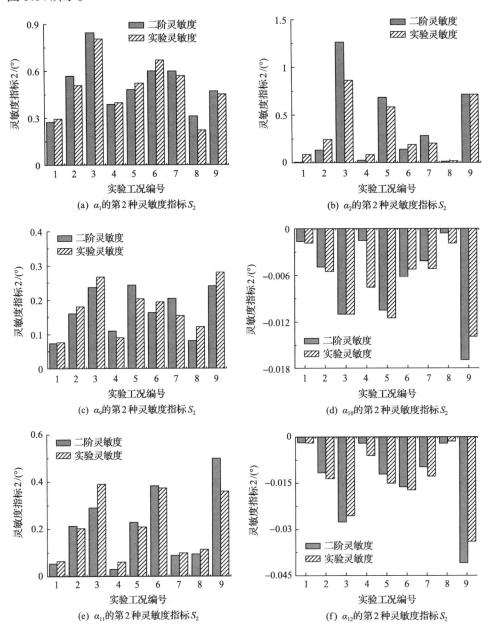

图 5.14 基于力的阻抗控制时不同工况下各参数不同变化量的第 2 种灵敏度指标柱形图

将上述实验结果进行正交分析，所得各参数的两种灵敏度指标正交分析表分别如表 5.15～表 5.20 所示。

表 5.15　基于力的阻抗控制时参数 α_1 的两种灵敏度指标正交分析表

因素	灵敏度指标 $S_1 /10^{-2}$mm							
	P_s		Z_D^Y		f		A	
	Exp	Err	Exp	Err	Exp	Err	Exp	Err
k_1	12.3	6.1	7.6	−1.8	5.8	−0.9	10.3	−1.6
k_2	10.1	−1	8	−0.3	9.6	0	9.5	−0.2
k_3	9.6	−0.5	16.4	6.7	16.7	5.5	12.3	6.3
R	2.7	6.6	8.8	8.5	10.9	6.4	2.8	7.1
因素	灵敏度指标 $S_2 /10^{-2}(°)$							
	P_s		Z_D^Y		f		A	
	Exp	Err	Exp	Err	Exp	Err	Exp	Err
k_1	33.6	−10.4	42	0	39.5	−16.7	42.2	−1.3
k_2	43.0	−10.8	41.7	3.7	45.2	2.3	50.2	−8.1
k_3	41.4	4.7	24.2	−10.1	43.2	−12	27.5	−9
R	12.2	15.5	22.5	13.8	23.7	19.0	16	10.3

表 5.16　基于力的阻抗控制时参数 α_2 的两种灵敏度指标正交分析表

因素	灵敏度指标 $S_1 /10^{-2}$mm							
	P_s		Z_D^Y		f		A	
	Exp	Err	Exp	Err	Exp	Err	Exp	Err
k_1	−3.5	9.5	−2.5	5.3	−2.4	0.5	−1.4	0.2
k_2	−3.2	0.5	−2.2	2	−3.3	2.8	−3.7	7.4
k_3	−2.8	5.4	−4.8	8	−3.9	12.2	−4.4	7.8
R	0.7	9.0	2.6	6.0	1.5	11.7	3	7.7
因素	灵敏度指标 $S_2 /10^{-2}(°)$							
	P_s		Z_D^Y		f		A	
	Exp	Err	Exp	Err	Exp	Err	Exp	Err
k_1	39.8	7	12.5	−2	9.8	10.8	46.2	0.6
k_2	28.6	15	28.2	−0.6	34.7	−5.6	21.2	12.6
k_3	31.2	2.5	58.9	15.5	55	19.4	32.2	11.1
R	11.2	8.0	46.4	17.5	45.2	25.0	14.4	12.0

表 5.17　基于力的阻抗控制时参数 α_9 的两种灵敏度指标正交分析表

因素	灵敏度指标 S_1 $/10^{-2}$mm							
	P_s		Z_D^Y		f		A	
	Exp	Err	Exp	Err	Exp	Err	Exp	Err
k_1	1.1	3.4	0.5	0.4	0.6	−0.1	0.5	1.2
k_2	0.7	0.7	0.9	0.4	1.2	0.4	1.1	0.3
k_3	0.6	0.9	1	4.2	0.5	4.7	0.6	3.8
R	0.5	2.6	0.6	3.7	0.6	4.8	0.6	2.4
因素	灵敏度指标 S_2 $/10^{-2}$(°)							
	P_s		Z_D^Y		f		A	
	Exp	Err	Exp	Err	Exp	Err	Exp	Err
k_1	17.4	−1.7	10.7	2.2	13	−7.9	18.7	−0.1
k_2	16.2	−4.5	16.8	−0.7	18.3	−1.3	17.6	−5.5
k_3	18.5	−1	20.7	−4.8	20.8	2	15.9	−1.6
R	2.3	3.5	10.0	−7.0	7.8	9.9	2.8	3.7

表 5.18　基于力的阻抗控制时参数 α_{10} 的两种灵敏度指标正交分析表

因素	灵敏度指标 S_1 $/10^{-2}$mm							
	P_s		Z_D^Y		f		A	
	Exp	Err	Exp	Err	Exp	Err	Exp	Err
k_1	0.6	0	0.4	0.6	0.7	0.1	0.5	0
k_2	0.7	0	0.5	0	0.7	−0.1	0.7	0.5
k_3	0.7	0.5	1	−0.1	0.5	0.5	0.7	0
R	0.1	0.5	0.6	−0.7	0.2	0.6	0.2	0.5
因素	灵敏度指标 S_2 $/10^{-2}$(°)							
	P_s		Z_D^Y		f		A	
	Exp	Err	Exp	Err	Exp	Err	Exp	Err
k_1	−0.6	0	−0.5	0.3	−3.3	2.7	−0.9	−0.1
k_2	−0.8	5.8	−0.6	0.1	−0.9	0.1	−4.5	1.6
k_3	−0.7	0	−1	5.5	−0.9	0	−0.7	0.3
R	0.1	5.8	0.5	5.2	0.6	2.6	0.4	1.7

表 5.19　基于力的阻抗控制时参数 α_{11} 的两种灵敏度指标正交分析表

因素	灵敏度指标 $S_1/10^{-2}$mm							
	P_s		Z_D^Y		f		A	
	Exp	Err	Exp	Err	Exp	Err	Exp	Err
k_1	4.3	−4.2	1.1	−0.8	1	−0.2	4.4	−0.6
k_2	3.1	−0.7	2.1	0.1	3.6	−0.4	2.5	−0.7
k_3	2.9	−0.7	10.1	3.1	7.8	3.9	6.5	3.6
R	1.4	4.9	9	3.9	8.8	4.3	4	4.3

因素	灵敏度指标 $S_2/10^{-2}$(°)							
	P_s		Z_D^Y		f		A	
	Exp	Err	Exp	Err	Exp	Err	Exp	Err
k_1	21.9	−3.3	7.4	−1.7	8.3	−1.6	21.1	5
k_2	11.3	−2.9	17.5	0.3	20.7	4	22.5	2.7
k_3	19	3.7	27.4	−1.3	23.2	−3	18.8	−5
R	10.6	7.0	20	2.0	14.9	7.0	3.7	2.6

表 5.20　基于力的阻抗控制时参数 α_{12} 的两种灵敏度指标正交分析表

因素	灵敏度指标 $S_1/10^{-2}$mm							
	P_s		Z_D^Y		f		A	
	Exp	Err	Exp	Err	Exp	Err	Exp	Err
k_1	1	−0.2	0.6	0.5	1.3	0.1	0.8	0
k_2	1	0.1	0.9	−0.1	0.9	0	1.2	0.6
k_3	1.2	0.4	1.7	0	0.9	0.4	1.2	−0.3
R	0.2	0.6	1.1	−0.6	0.4	0.3	0.4	0.9

因素	灵敏度指标 $S_2/10^{-2}$(°)							
	P_s		Z_D^Y		f		A	
	Exp	Err	Exp	Err	Exp	Err	Exp	Err
k_1	−1	−0.4	−0.7	0.2	−0.7	3.5	−1.7	−0.1
k_2	−11.3	3.6	−1	0.3	−1.8	0	−1.5	13.6
k_3	−1.6	0	−2.2	12.7	−1.4	−0.2	−0.7	−0.2
R	9.7	4.0	1.5	12.5	1.1	3.7	1	12.9

由图 5.11～图 5.14 和表 5.9～表 5.20 可以看出:

与系统基于位置的阻抗控制一样,在不同工况下实验灵敏度结果变化规律与二阶矩阵灵敏度分析方法结果变化规律相近,验证了二阶矩阵灵敏度分析方法结果的准确性,限于篇幅,详细的实验结论亦可参照仿真分析所得结论。

基于位置及力的阻抗控制实验结果还表明,虽然基于位置的阻抗控制与基于力的阻抗控制均可以使腿部液压驱动系统具备阻抗特性,但是控制原理的不同、控制数学模型的不同以及控制参数的不同,导致了每种阻抗控制方法各参数的变化对阻抗实际位置的影响有差异,即使是同一个参数,在两种阻抗控制中对足端柔顺控制性能的影响也有较大差别。

5.6 本 章 小 结

本章主要针对腿部液压驱动系统阻抗控制进行了参数灵敏度分析。以液压驱动单元位置及力控制系统中所涉及的 12 个主要参数为研究对象,进行参数变化对阻抗实际位置影响程度的灵敏度动态分析。选取正弦响应幅值衰减和相角滞后作为两种灵敏度指标,实现了灵敏度动态分析结果的定量分析,并采用正交试验方法中的正交分析方法,得到了 12 个参数的灵敏度变化规律。最后对所得出的定量分析结果进行了实验验证,实验结果表明,本书使用二阶矩阵灵敏度分析方法相比于传统的一阶灵敏度分析方法,所得结果更贴近实验结果。

第6章　总结与展望

6.1　总　　结

腿部液压驱动系统是足式机器人驱动的"肌肉"，集成元件多、流道多且复杂，如何定量且精确地掌握10余个工作参数与10余个结构参数对控制性能的影响规律，以针对性地设计整机各类补偿控制方法与优化机械结构，是需要解决的核心难题。本书为解决上述难题，介绍了以下4项研究内容：

(1)足式机器人腿部液压驱动系统数学建模。建立了涵盖机械结构运动学、静力学和动力学数学模型，以及考虑非线性和复杂负载特性的液压驱动单元位置及力控制系统的数学模型；通过对液压驱动单元位置及力控制数学模型的变换，并结合逆动力学补偿，得到了基于位置及力的阻抗控制方法在腿部液压驱动系统中的实现方法；介绍了腿部液压驱动系统性能测试实验平台、腿部足端负载模拟实验平台和液压驱动单元性能测试实验平台，并借助前两个实验平台测试了9种工况下的阻抗控制效果。实验结果表明，本书提出的基于位置及力的阻抗控制方法可以使腿部液压驱动系统基本实现预期的柔顺特性，但是控制精度和响应能力尚需提高，为本书的参数灵敏度分析奠定了基础。

(2)液压驱动系统参数灵敏度分析新方法。首先，介绍了系统灵敏度分析研究现状，并分析了液压驱动系统灵敏度分析的研究意义；其次，推导了二阶轨迹灵敏度分析理论模型，建立了二阶轨迹灵敏度方程组通用表达式，并对其进行简化得到了适用于液压驱动系统参数灵敏度分析的特殊表达式；最后，推导了二阶矩阵灵敏度分析理论模型，建立了二阶矩阵灵敏度方程组通用表达式，并对其进行简化得到了适用于液压驱动系统参数灵敏度分析的特殊表达式。

(3)液压驱动单元位置及力控制参数灵敏度分析。针对液压驱动单元位置及力控制系统进行了参数灵敏度分析，首先，针对液压驱动单元位置控制系统中的17个参数，采用二阶轨迹灵敏度分析方法与一阶矩阵灵敏度分析方法，在多工况下研究了各参数变化对系统控制性能的影响程度，并完成了与一阶矩阵灵敏度所得结论的对比分析，找到了影响系统性能的主要参数与次要参数；其次，针对液压驱动单元力控制系统中的14个参数，采用一阶矩阵灵敏度分析方法，在多工况下研究了各参数变化对系统控制性能的影响程度，找到了影响系统性能的主要参数与次要参数。

(4)腿部液压驱动系统阻抗控制参数灵敏度分析。针对腿部液压驱动系统阻抗控制进行了参数灵敏度分析，以液压驱动单元位置及力控制系统中所涉及的 12 个主要参数为研究对象，进行参数变化对阻抗实际位置影响程度的灵敏度动态分析；选取正弦响应幅值衰减和相角滞后作为两种灵敏度指标，实现了灵敏度动态分析结果的定量分析，并采用正交实验方法中的正交分析方法得到了 12 个参数的灵敏度变化规律；最后对所得出的定量分析结果进行了实验验证，实验结果表明，本书使用二阶矩阵灵敏度分析方法所得结果相比于传统的一阶灵敏度分析方法更贴近实验结果。

上述研究内容中可归纳出以下 2 个核心创新点：

(1)推导了两种适用于液压伺服控制系统的高精度参数灵敏度分析方法。第 1 种为二阶轨迹灵敏度分析方法，该方法适用参数变化范围更广且计算精度更高，缺点是运算速度缓慢且理论计算过程复杂；第 2 种为二阶矩阵灵敏度分析方法，该方法具有更快的运算速度且不失计算精度，缺点是适用于参数变化范围较小。上述两种方法为通用方法，可以针对各类液压伺服控制系统选择更合适的分析方法。

(2)揭示了足式机器人腿部液压驱动系统参数变化对系统控制性能的影响规律。针对腿部关节采用位置控制和力控制、腿部整体采用基于位置及力的阻抗控制等 4 种控制方法，分别采用不同的灵敏度分析方法，在多工况下掌握了参数灵敏度的动态变化规律，并选取灵敏度指标，得出了系统中二十余个参数对控制性能的灵敏度定量结论，据此提出了系统补偿控制与结构优化设计准则。

6.2　展　　望

机器人腿部液压驱动系统参数灵敏度问题的成功剖析，将有助于该类机器人整体性能的提升，加速我国在该类机器人领域的研制进程，同时也将促进高性能液压驱动技术在其他领域机器人中的有效应用。相关研究展望如下：

(1)在足式机器人的运动过程中，机器人足端与地面频繁接触，接触瞬间的冲击会给机身带来不可预估的振动，这种振动将延长机器人恢复稳定状态所用的时间，造成机器人运动稳定性下降，运动灵活度降低。解决上述问题的关键是在机器人控制中引入柔顺控制，可使机器人各关节的液压驱动单元具备一定的柔顺性，但液压驱动系统的引入也带来了非线性环节、系统参数时变性等诸多不利因素，加之输入轨迹、力/位置干扰和负载环境不确定性的影响，因此需要引入参数灵敏度分析方法并形成有效的补偿控制方法，保证主动柔顺控制的响应性能及控制精度，从而保证机器人顶层步态控制理念的实施。

(2)灵敏度分析方法作为研究与分析一个系统(或模型)的状态或输出变化对系统参数或周围条件变化的敏感程度的方法，可被扩展在可靠性分析、电力系统、机械设计、机械振动传递、声辐射和稳定性分析等其他领域，本书建立的灵敏度分析数学模型可为上述领域存在的各类问题的数学模型优化提供借鉴。

参 考 文 献

[1] Silva M F, Machado J A T. A historical perspective of legged robots[J]. Journal of Vibration & Control, 2007, 13(9-10): 1447-1486.

[2] Zhuang H C, Gao H B, Deng Z Q, et al. A review of heavy-duty legged robots[J]. Science China: Technological Sciences, 2013, 57(2): 298-314.

[3] Zhou C, Maravall D, Ruan H. Autonomous robotic systems[J]. Studies in Fuzziness & Soft Computing, 1998, 116: 235-262.

[4] Hodoshima R, Doi T, Fukuda Y, et al. Development of quadruped walking robot TITAN XI for steep slopes[J]. Journal of Robotics and Mechatronics, 2006, 18(3): 318-324.

[5] Raibert M, Blankespoor K, Nelson G, et al. BigDog, the rough-terrain quadruped robot[J]. IFAC Proceedings Volumes, 2008, 41(2): 10822-10825.

[6] Wooden D, Malchano M, Blankespoor K, et al. Autonomous navigation for BigDog[C]. IEEE International Conference on Robotics and Automation, Anchorage, 2010: 4736-4741.

[7] 丁良宏, 王润孝, 冯华山, 等. 浅析 BigDog 四足机器人[J]. 中国机械工程, 2012, 23(5): 5-14.

[8] Wensing P M, Wang A, Seok S, et al. Proprioceptive actuator design in the mit cheetah: Impact mitigation and high-bandwidth physical interaction for dynamic legged robots[J]. IEEE Transactions on Robotics, 2017, (9): 509-522.

[9] Park H W, Park S, Kim S. Variable-speed quadrupedal bounding using impulse planning: Untethered high-speed 3D running of MIT Cheetah 2[C]. IEEE International Conference on Robotics and Automation, Seattle, 2015: 5163-5170.

[10] Playter R, Buehler M, Raibert M. BigDog[C]. Conference on Unmanned Systems Technology VIII, Orlando, 2006: 623021-623026.

[11] Semini C, Barasuol V, Goldsmith J, et al. Design of the hydraulically-actuated, torque-controlled quadruped robot HyQ2Max[J]. IEEE/ASME Transactions on Mechatronics, 2016, 22(2): 635-646.

[12] Rong X, Li Y, Ruan J, et al. Design and simulation for a hydraulic actuated quadruped robot[J]. Journal of Mechanical Science & Technology, 2012, 26(4): 1171-1177.

[13] Focchi M, Barasuol V, Havoutis I, et al. Local reflex generation for obstacle negotiation in quadrupedal locomotion[C]. International Conference on Climbing and Walking Robots and the Support Technologies for Mobile Machines, Hangzhou, 2015: 443-450.

[14] Boaventura T, Medrano-Cerda G A, Semini C, et al. Stability and performance of the compliance controller of the quadruped robot HyQ[C]. IEEE/RSJ International Conference on Intelligent Robots and Systems, Tokyo, 2013: 1458-1464.

[15] Hutter M, Gehring C, Bloesch M, et al. Starleth: A compliant quadrupedal robot for fast, efficient, and versatile locomotion[C]. Proceedings of the 16th International Conference on Climbing and Walking Robots and the Support Technologies for Mobile Machines, Nancy, 2011: 483-490.

[16] Hutter M, Gehring C, Bloesch M, et al. STARLETH: A compliant quadrupedal robot for fast, efficient, and versatile locomotion[C]. 15th International Conference on Climbing and Walking Robot, Maryland, 2012: 85-97.

[17] Bajracharya M, Ma J, Malchano M, et al. High fidelity day/night stereo mapping with vegetation and negative obstacle detection for vision-in-the-loop walking[C]. IEEE/RSJ International Conference on Intelligent Robots and Systems, Tokyo, 2013: 3663-3670.

[18] Semini C. HyQ-Design and development of a hydraulically actuated quadruped robot[D]. Genova: Italian Institute of Technology, 2012.

[19] 柴汇, 孟健, 荣学文, 等. 高性能液压驱动四足机器人 SCalf 的设计与实现[J]. 机器人, 2014, 36(4): 385-391.

[20] 牛锴. 仿生液压四足机器人电液伺服控制系统的设计与研究[D]. 北京: 北京理工大学, 2015.

[21] 朱立松. 仿生液压四足机器人控制系统关键技术研究[D]. 北京: 北京理工大学, 2016.

[22] 谢惠祥. 四足机器人对角小跑步态虚拟模型直觉控制方法研究[D]. 长沙: 国防科技大学, 2015.

[23] 张志宇. 基于 ADAMS 的四足机器人虚拟样机仿真及刚柔耦合分析[D]. 哈尔滨: 哈尔滨工业大学, 2016.

[24] 邓黎明. 四足小象机器人实时控制系统的设计与研究[D]. 上海: 上海交通大学, 2014.

[25] Bode H W. Network Analysis and Feedback Amplifier Design[M]. New York: D. Van Nostrand Company, 1946.

[26] Cruz J B, Perkins W R. A new approach to the sensitivity problem in multivariable feedback system design[J]. IEEE Transaction on Automatic Control, 1964, 9(3): 216-223.

[27] Gibescu M, Christie R D. Quadratic sensitivities for power system steady-state control[J]. IEE Proceedings—Generation, Transmission, and Distribution, 1997, 144(3): 317-322.

[28] Jin T K, Cho J S, Park B Y, et al. Experimental investigation on the design of leg for a hydraulic actuated quadruped robot[C]. International Symposium on Robotics, Seoul, 2014: 1-5.

[29] Wiedebach G, Bertrand S, Wu T, et al. Walking on partial footholds including line contacts with the humanoid robot Atlas[J]. IEEE-RAS 16th International Conference on Humanoids Robots, Cancun, 2017: 1312-1319.

[30] Vasconcellos J F V, Singh S, Sivakugan N. Sensitivity analysis of time dependent settlements in hydraulic fills[J]. Geotechnical & Geological Engineering, 2010, 28(4): 351-360.

[31] Kamiński M M. Structural sensitivity analysis in nonlinear and transient problems using the local response function technique[J]. Structural & Multidisciplinary Optimization, 2011, 43(2): 261-274.

[32] Jin Y J, Zhang Y M, Zhang Y L. Analysis of reliability and reliability sensitivity for machine components by mean-value first order saddlepoint approximation[J]. Journal of Mechanical Engineering, 2009, 45(12): 102-107.

[33] 贾进章, 马恒, 刘剑. 基于灵敏度的通风系统稳定性分析[J]. 辽宁工程技术大学学报: 自然科学版, 2002, 21(4): 428-429.

[34] 袁骏, 段献忠, 何仰赞, 等. 电力系统电压稳定灵敏度分析方法综述[J]. 电网技术, 1997, (9): 7-10.

[35] 王新刚, 张义民, 王宝艳. 机械零部件的动态可靠性灵敏度分析[J]. 机械工程学报, 2010, 46(10): 188-193.

[36] Zhou Y, Zhang Z, Zhong Q P. Improved reliability analysis method based oil the failure assessment diagram[J]. Chinese Journal of Mechanical Engineering, 2012, 25(4): 832-837.

[37] Liu W, Cao G, Zhai H B, et al. Sensitivity analysis and dynamic optimization design of supports' positions for engine pipelines[J]. Journal of Aerospace Power, 2012, 27(12): 2756-2762.

[38] 刘聪. 基于声辐射模态的结构声学研究及其灵敏度分析[D]. 镇江: 江苏大学, 2012.

[39] 刘金良. 基于灵敏度分析的可调节式产品平台规划方法研究[D]. 杭州: 浙江工业大学, 2012.

[40] 苏龙. 基于灵敏度分析和优化方法的有限元模型修正研究[D]. 南京: 东南大学, 2010.

[41] 闵涛, 成瑶, 谷明礼, 等. 非线性动力系统的参数反演及灵敏度分析[J]. 计算机工程与应用, 2013, 49(4): 47-49.

[42] 朱安文, 曲广吉, 高耀南. 航天器结构模型优化修正方法的研究[J]. 宇航学报, 2003, 24(1): 107-110.

[43] 袁菁芸. 工程车驾驶室模态灵敏度分析及结构优化[D]. 扬州: 扬州大学, 2017.

[44] 周奇才, 吴青龙, 陈明阳, 等. 基于灵敏度分析的桁架结构动力学尺寸优化[J]. 中国工程机械学报, 2016, 3: 254-258.

[45] 彭亚琪. 基于平顺性的整车动力学建模及关键参数的优化研究[D]. 广州: 广东工业大学, 2015.

[46] 赵杰, 李峰, 刘录. 基于有限元的超高压管线系统振动特性灵敏度分析[J]. 振动与冲击, 2014, 33(10): 148-151.

[47] 汪宏伟, 汪玉, 赵建华. EFAST 法在管路系统冲击响应中的应用研究[J]. 振动与冲击, 2010, (4): 197-199.

[48] 刘伟, 曹刚, 翟红波, 等. 发动机管路卡箍位置动力灵敏度分析与优化设计[J]. 航空动力学报, 2012, 27(12): 2756-2762.

[49] 王幼民, 范恒灵. 基于正交实验法的电液伺服系统 PID 控制[J]. 农业机械学报, 2007, 38(7): 196-199.

[50] Ito K, Ikeo S. PID control performance of a water hydraulic servomotor system[C]. Proceedings of the 41st SICE Annual Conference, Osaka, 2002: 1732-1735.

[51] 马健, 孙秀霞. 比较法确定多属性决策问题属性权重的灵敏度分析[J]. 系统工程与电子技术, 2011, 33(3): 585-589.

[52] 宗秀红, 张尧, 董泰福. 基于 GMR 技术确定电压弱节点的特征根灵敏度指标[J]. 继电器, 2006, 34(18): 35-39.

编 后 记

  "博士后文库"是汇集自然科学领域博士后研究人员优秀学术成果的系列丛书。"博士后文库"致力于打造专属于博士后学术创新的旗舰品牌，营造博士后百花齐放的学术氛围，提升博士后优秀成果的学术影响力和社会影响力。

  "博士后文库"出版资助工作开展以来，得到了全国博士后管委会办公室、中国博士后科学基金会、中国科学院、科学出版社等有关单位领导的大力支持，众多热心博士后事业的专家学者给予积极的建议，工作人员做了大量艰苦细致的工作。在此，我们一并表示感谢！

"博士后文库"编委会